쓸모의 과학, 신소재

쓸모의 과학, 신소재

세상에 이로운
신소재 이야기

조용수 지음

교보문고

소재를 통한 인류 문명 이어 가기

신소재란 무엇인가. 언론 방송을 통해 새로운 소재가 개발되어 우리 생활이 바뀔 것이라는 기사와 보도를 자주 접하게 되지만 숨겨진 실체와 가능성을 가늠하는 것은 쉽지 않은 일이다. 이 책은 신소재 과학, 공학 분야의 문외한이라도 과학에 관심이 있는 일반인이나 중고등학생을 위해 기획되었다. 신소재의 정의부터 출발하여 신소재 분야의 중요성과 한계, 그리고 수식을 사용하지 않고 상식적인 수준에서 과학적 원리를 다루고자 한다.

수식을 배제한 채 과학적 원리에 대한 접근이 가능하다고 판단한 이유는 우리가 이미 직관적인 경험을 통해 주위의 소재에 대해 많은 부분을 알고 있기 때문이다. 단지 과학자의 역할은 현상을 표현하는 데 적당한 과학적 용어를 찾아 정의하고 숫자로 표시하는 것이다. 예를 들어 우리는 찌개를 빨리 끓이기 위해 양은 냄비를 사용하고 온도를 유지하기 위해 뚝배기 같은 세라믹 그릇에 담아 먹는다. 금속에서 열전도가 잘 일어나고 세라믹은 그렇지

5

않다는 것을 알고 있기 때문인데 열전도도라는 용어의 구체적인 정의와 그 수치는 별로 중요하지 않다. 우리는 스마트폰 전면 유리가 어떨 때 깨지거나 스크래치가 생기는지 경험으로 알고 있다. 결국 우리 주위의 물체를 구성하는 소재는 이와 같이 특정한 재료의 특성을 이용해서 목적을 이루기 위해 가장 적합한 소재나 도구를 찾는 노력의 결과이기도 하다.

신소재 과학, 공학 분야는 어찌 보면 수학에서 시작된 수천 년 과학의 역사에서 가장 선단에 있는 모든 과학 기술 분야의 집합체인지도 모르겠다. 이른바 공과 대학의 신소재 공학 전공에서만 다루는 분야가 아니라 물리, 화학, 전기 전자, 기계, 건축, 의류, 에너지, 바이오 등 관련 이공계 전공에서 연구하는 세분화된 그러나 융합적인 학문의 성격을 지니고 있다. 다른 전공에서 물질과 소재를 접근하는 경우에도 이 책이 출발점이 되었으면 한다.

학문적으로 신소재 분야는 재료 과학materials science과 재료 공학materials engineering이 공존한다. 소재를 구성하는 구성원(원자나 분자)의 역할을 이해하고 일어나는 현상을 규명하기 위해 물리·화학을 전제로 한 재료 과학과 소재를 만들기 위한 공정과 원하는 응용 특성에 대한 해석과 분석이 주를 이루는 재료 공학으로 이루어져 있다. 통상 공학은 과학 이론을 바탕으로 가치를 창출하는 것을 전제로 하기 때문에 실제 사용되거나 응용을 목적으로 연구된다는 면에서 신소재 공학 분야는 우리 일상생활과 매우 밀접하게 연결되어 있다.

6

새로운 소재의 발견이나 개발과 함께 세상은 정말 변화하는 것일까. 미래 사회를 예측하는 데 많은 가정이 필요하겠지만 현재 각 분야, 특히 반도체, 핸드폰, 자동차, 에너지, 바이오 등에서 활발히 연구가 진행되고 있는 소재를 이해한다면 앞으로 최소 몇 년간의 분명한 변화 방향과 가능성은 가늠할 수 있을 듯하다. 그만큼 새로운 소재의 개발이 전제되지 않는다면 2차와 3차 가공을 통한 부품이나 완제품의 성공을 상상할 수 없는 세상에 와 있다. 신기한 소재 뒤에 숨은 신비스러운 비밀의 이해를 돕는 것이 이 책의 의도이기도 하다. 앞에 열거한 주요 응용 분야는 미래의 기간 산업으로 혹은 글로벌 생존을 위한 전략적인 면에서도 매우 중요하다는 것은 이미 우리 모두가 잘 알고 있다. 이 책을 통해 그러한 분야에서 소재가 왜 중요하고 어떤 기여를 하는지 이해하는 데 도움이 되었으면 한다.

　　우리가 소재에 대한 직관적 경험을 이용하고 있다는 점은 초기 인류가 생존을 위해 소재를 선택했던 것과 유사하다. 수만 년 전 인류는 물이 필요한데 물을 어떻게 담아 두어야 했을까. 종이와 펜이 없는데 어떻게 정보를 저장하려고 했을까. 더 뜨거운 불이 필요할 때는 어떻게 했을까 등 수많은 경험을 통한 소재의 선택과 쓰임새가 인류 문명의 발전과 함께했기 때문이다. 초기 인류 문명을 석기, 청동기, 철기 시대로, 모두 소재로 명명하고 있다는 점은 결국 인류의 생존과 번영에 직결되어 있다는 점을 말해 준다. 그 물질들이 어떻게 발견되었는지 파급 효과와 함께 간략히 기술하고자 한다.

과학의 눈부신 발전과 함께 개발된 소재가 실제 본격적으로 우리 삶에 들어온 시점은 불과 백여 년 전 일이다. 지금의 현대 사회에 들어와 사용되고 있는 소재는 어떤 것이 있을까. 가장 기본적인 세라믹, 금속, 폴리머 소재를 먼저 소개하고 새로운 소재의 트렌드로 자리 잡은 반도체, 나노, 탄소, 복합체 소재 등에 대해 대표적인 예와 함께 살펴보기로 한다. 학문적으로 연구하는 소재 분야가 외부에서 들어오는 자극, 즉 전기, 빛, 힘, 열에 반응하는 결과에 대한 과학적인 해석과 이해가 주를 이루는 바 상식적인 수준에서 소재의 물성을 어떻게 정의하는지 알아보는 것이 이 책의 또 다른 주요 목표이기도 하다. 이른바 첨단 제품에 들어가는 소재들이 이러한 반응에 기초하여 최적의 특성을 갖는 물질을 찾은 결과물이기 때문이다.

결국 상식적인 수준 이상의 특성을 보여 주는 소재가 발견되면 신기한 소재가 되고 이에 맞는 새로운 활용법을 찾아 왔던 것이다. 가장 대표적인 예가 바로 반도체, 태양 전지, 배터리, 디스플레이 등 최첨단 응용에 맞는 거듭된 소재의 개선이었을 것이다. 일상에서 사용하고 있는 제품 속에 숨어 있는 소재를 소개하고 우리에게 친숙한 몇몇 응용 분야에 맞추어 따라가고자 한다. 현재 우리가 직면하고 있는 대기 오염에 따른 환경 문제, 자연 고갈에 따른 에너지 문제, 건강과 수명, 인공 지능과 고도의 연결 사회 등과 같은 현재 이슈와 미래 지향적 면모들이 모두 새로운 과학 기술의 발전에 의존해야만 한다면 소재의 혁신에서부터 찾아야 할 숙제임에는 분명해 보인다. 이 책이 제공하는 소재의 전반적인 이해에 대한 지식이 큰 도움이 되었으면 한다.

쓸모의 신소재에 대한 지적 호기심이 이어지길 바란다.

차례

주변의 소재 이야기

반응하는 소재의 세계

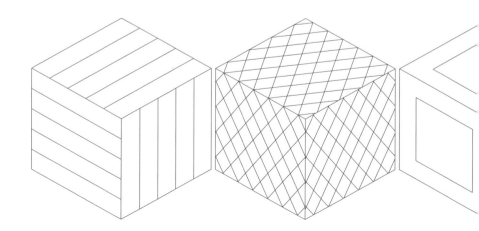

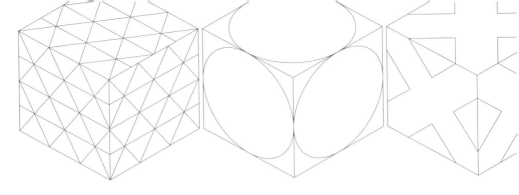

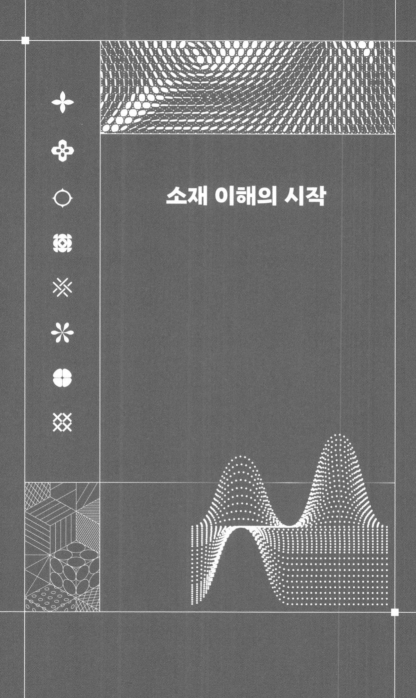

소재 이해의 시작

1. 소재란 무엇인가

우리 주변의 소재들은 그 쓰임에 따라 가장 적합하게 선택된 것이다. 신소재를 구체적으로 이해하기 전에, 소재의 정의에서 출발하여 오랜 인류 역사와 함께한 주요 소재의 등장과 현재 첨단 산업에 꼭 필요한 소재는 어떤 것들이 있는지 그 이면을 들여다보자.

□
□
□
□
□

　우리 주변의 다양한 물체를 떠올려 보면, 그 물체를 구성하고 있는 어떤 성분들이 존재할 것이라는 막연한 생각을 하게 된다. 이처럼 물체는 특정한 소재로 구성되어 우리 눈에 보이는 구체화된 형상을 이루고 있다. 그렇다면 집을 지을 때 사용하는 벽돌이나 시멘트는 어떤 소재로 구성되어 있으며, 우리가 입고 있는 옷과 사용하는 그릇들은 어떤 소재를 사용하고 있는 것일까.

　좀 더 생각해 보면 이렇게 선택된 다양한 소재가 인류 역사 발전의 산물이라는 것을 알 수 있다. 석기 시대에 토기 그릇을 어떻게 만들게 되었는지 상상해 보면 짐작할 수 있듯, 인류의 오랜 역사 동안 인간이 생활하면서 터득한 것이기도 하다. 즉, 우리가 현재 사용하고 있는 소재들은 끊임없는 개발의 결과물이고, 발전을 거듭하며 인위적으로 만들어지거나 개선된 것이다. 결국 살아남은 소재들이다.

　굳이 어렵게 정의 내리지 않아도 재료material란 우리 주변에 보이는 모든 물체object를 이루는 무엇인가로 인식된다. 주위의 물질substance을 분류하면 기체, 액체, 고체 중 하나이다. 소재는 재료를 이루는 근간이 되는 물질로 구분하여 사용하기도 한다. 예를 들어 컵의 재료가 유리라면 소재는 유리를 구성하는 주성분인 실리카(SiO_2)라고 이해할 수 있다. 하지만 보통은 재료와 소재가 큰 구분 없이 쓰이고 있다(영문명도 구분 없이 보통 'material'로 표기). 학문적으로 신소재 분야에서는 주로 고체가 연구 대상이고, 이 책에서 주요하게 다루고자 하는 부분이기도 하다.

소재는 어디에서 오는가

오랜 시간 과학자들은 소재를 이루는 구성 성분이 무엇인지 궁금해했고, 발견된 물질을 어떻게 표현해야 하는지에 대해서도 고민을 거듭했다. 결국 모든 소재는 최소 독립 물질 단위인 원소element로 구성되어 있다는 걸 알게 된다. 그리고 현재까지 지구의 자연에 존재하는 원소가 모두 94개인 것을 밝혀냈다. 원소는 각기 이름과 연속적인 번호를 붙여서 과학적인 연계성을 부여하도록 했다. 예를 들어 수소(원자 기호 H)는 원자 번호 1번, 산소(O)는 8번, 철(Fe)은 26번, 플루토늄(Pu)은 94번이다. 따라서 우리 눈에 보이는 모든 물체는 94개의 다른 원소로 구성되어 있고 일정한 규칙을 가지고 배열되거나, 비규칙적인 배열이라 하더라도 과학자의 눈에는 어떤 규칙성을 가지고 있다고 생각되는 구조로 이루어져 있다.

　　우리의 주위 환경은 섭씨 25도(이하 ℃로 표기)에 맞춰져 있으므로, 원소로 이루어진 물질은 온도, 압력 등 현재 주어진 조건에서 안정적인 상태로 존재하게 된다. 앞서 유리의 성분인 실리카(SiO$_2$) 소재를 언급했는데, 왜 실리카는 실리콘(Si)과 산소가 1 대 2의 비율로 구성되어야 했을까. 마치 물(H$_2$O)이, 즉 수소와 산소가 2 대 1의 비율을 이루는 것처럼 말이다. 신기하게도 안정화된 소재는 이처럼 원자 사이에 결합이 이루어질 때 특정한 비율이 정해져 있는데, 이는 가장 안정적인 구조를 이루기 위해서이다.

　　인류의 역사가 시작될 때를 상상해 보면, 당시 사용할 수 있는 소재는 흙이나 모래, 돌, 나무 정도였을 것이다. 이러한 유용한 소재들은 인간의 경험이 축적되면서 좀 더 현명하게 이용할 수 있었는데, 가장 중요한 발견은 번개에 의해서 혹은 우연히 발생한 불의 존재이다. 왜냐하면 불은 단순히 음식을 익히는 데 사용되었던 것이 아니라 소재를 변형시키거나 추출하는 데 결정적인 열에너지를 제공하기 때문이다.

　　석기 시대를 거치며 흙에서 특정한 금속을 추출해 내는 방법을 알게 된 것이 어쩌면 자연으로부터 직접 얻지 않고 특정한 공정을 통해 얻어진 최초의 소재였을 듯하다. 바로 청동기 시대를 연 구리의 발견이다. 구리는 철보다 약 450℃ 정도 낮은 온도에서 녹으므로 단순히 나무를 태워서 온도를 확보하는 데에는 구리가 가장 적합하다고 할 수 있다(구리의 녹는점은 대략 1080℃이고, 나무를 태우면 최대 1200℃까지 올라간다).

이후 금, 은, 철 등 다양한 금속이 훨씬 더 복잡한 방법으로 추출, 정제 과정을 거쳐 얻어지게 된다. 흙이나 광석에는 다양한 광물mineral(자연에서 산출되는 물질로서 일정한 원소로 이루어진 고체)이 존재한다. 초창기 인류 역사에서는 경험을 통해 이러한 광물들을 유용하게 사용하였다면, 현대에 이르러 과학자들은 다양한 원소를 원하는 양만큼 확보하는 화학 공정을 개발하게 된다. 예를 들어 최근 인공 치아의 소재로 이용되고 있는, 지르코늄(Zr)과 산소가 1 대 2로 화학 결합을 한 지르코니아(ZrO_2)의 경우는 암석에 다량 존재하는 광물인 지르콘($ZrSiO_4$)으로부터 화학 반응에 의해 얻어진다.

다양한 원료 소재가 확보되면 일정한 가공 공정을 거쳐 우리 눈에 보이는 물체로 탄생하게 된다. 여러 가지 원료가 되는 소재를 섞어서 원하는 화합물을 단단하게 만든 후 일정한 모양을 얻게 되는 경우가 대부분이다. 유리병을 만든다고 가정하면 유리를 형성하는 원료 소재를 일정한 비율로 섞는다. 주로 실리콘, 붕소(B), 알루미늄(Al), 칼슘(Ca)의 산화물oxide(산소가 다른 원소와 결합된 화합물)을 원료로 하여 일정한 비율로 혼합하고, 높은 온도에서 액체화시키는 용융melting 공정을 거치며 일정한 중간 온도 범위에서 유리병의 모양을 갖도록 제작한다. 아마 영상에서 긴 봉에 매달린 용융된 유리 덩어리를 사람이 입으로 바람을 불어서 특정한 모양을 형성하는 것을 본 적이 있을 것이다. 유사한 공정을 자동화 시스템으로 구현하여 수많은 유리병이 생산된다고 상상하면 된다.

금속의 예로 영구 자석permanent magnet을 생각해 보자. 자석은 전기 자동차의 성능을 좌우하는 고성능 전기 모터의 필요성이 대두되며 요즘 더 활발히 연구가 진행되고 있다. 전기 모터는 자석 주위에 코일을 감아서 만들기 때문이다. 우리가 주위에서 보는 은색의 반짝이는 자석은 네오디뮴(Nd), 철 그리고 붕소를 일정한 비율로 혼합하여 700~1000°C에서 가열한 후 다양한 모양의 합금alloy 형태로 제작한다.

옷감도 중요한 소재 중 하나이다. 합성 섬유인 나일론Nylon (1935년 개발된 미국 듀폰Dupont사의 합성 섬유 제품명)을 예로 든다면 폴리아마이드polyamide라 불리는 탄소, 산소, 질소, 수소 원자 간 화학 결합이 일정한 규칙을 가지고 반복적인 구조를 이루며 얻어진다. 나일론은 칫솔, 스타킹, 어망, 악기 줄 등에 폭넓게 사용되고 있고 인공 섬유보다 가늘고 가벼워서 탄력성, 신축성, 보온성이 우수하다.

변화의 순간

현재 우리가 누리고 있는 수많은 첨단 제품에는 과거부터

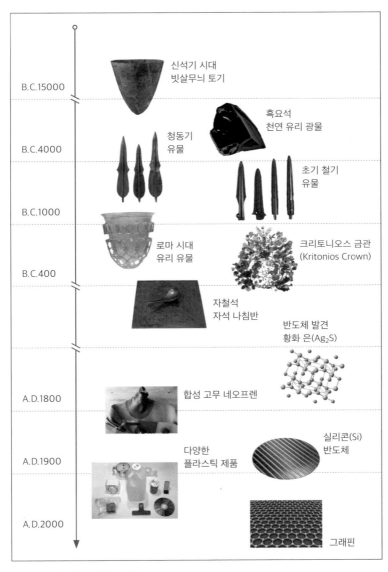

B.C.15000

신석기 시대
빗살무늬 토기

혹요석
천연 유리 광물

청동기
유물

B.C.4000

초기 철기
유물

B.C.1000

로마 시대
유리 유물

크리토니오스 금관
(Kritonios Crown)

B.C.400

자철석
자석 나침반

반도체 발견
황화 은(Ag_2S)

A.D.1800

합성 고무 네오프렌

실리콘(Si)
반도체

A.D.1900

다양한
플라스틱 제품

A.D.2000

그래핀

● 주요 소재의 연대기적 출현과 진보

이어져 온 소재와 최근 개발된 소재들이 혼재되어 사용되고 있다. 오랜 인류 역사의 진행과 함께 큰 전기를 마련한 소재의 출현과 발명에는 어떤 것들이 있었을까.

먼저 정확한 연대를 알 수 없지만 기원전 1만 5000~1만 년쯤 농경 사회가 본격화되는 신석기 시대의 도래와 함께 토기가 본격적으로 사용되었을 것으로 보고 있다. 물과 음식을 담고 보관하는 매개로 흙을 빚고 구워서 단단하게 만든 후 사용했으니 일류가 개발한 최초의 발명품이라고 할 수 있다. 우연히 알게 된 유리도 투명하고 빛나는 특성으로 처음에는 장신구로 쓰였을 것으로 예상되지만 매우 신기한 소재의 발견이었다. 유리는 부식이 일어나지 않으므로 깨지지만 않는다면 영구 보존이 가능해서 비교적 많은 고대의 유리 유물이 남아 있다.

청동기 시대를 거치면서 처음으로 금속이 등장하고 본격적인 정복의 시대가 열리게 된다. 청동에 비해 강하고 천연적으로 더 풍부하게 존재하는 철기 시대의 도래와 함께 인류 문명의 발전과 경쟁은 더욱 심화된다.

산업 혁명 시대를 거치면서 전기 에너지의 보급과 함께 대량 생산의 기틀이 마련되며 좀 더 다양한 소재가 현대 사회로 전환하는 데 직접적으로 기여하게 된다. 이 시기에 화약의 발명과 무기의 고도화가 이루어지지만 한편으로는 완전히 새로운 소재의 발명이 뒤를 잇는다. 천연고무의 한계를 뛰어넘는 합성 고무(초창기 자동차의 타이어로 쓰임)의 발명이 중요한 시금석이라고 할 수 있다. 그 후 고분자 화학의 발전으로 플라스틱, 나일론을 중심으로 일상생활이 변화하는 동시에 본격적인 폴리머polymer(중합체) 시대가 열린다.

제2차 세계 대전 이후 실리콘silicon을 핵심 소재로 하는 반도체의 본격적인 등장은 트랜지스터transistor, 다이오드diode 소자 개발로 이어져 현재 우리가 누리고 있는 전자 정보화 시대의 서막을 가져왔다. 이로 인해 본격적인 IT 분야에서의 상업적·군사적 경쟁이 심화되고 제3차 산업 혁명이라 불리는 반도체·컴퓨터·모바일 시대의 도래를 초래하게 된다.

이와 같이 주요 소재의 등장으로 우리 생활과 사회는 진보와 변화를 일으켜 왔으며 현재도 진행 중이다. 그동안 알려진 소재의 한계를 뛰어넘어 또 한 번 획기적인 변화를 일으킨 소재의 예로 그래핀graphene을 들 수 있다. 원자층 두께에 해당하는 매우 얇으면서도 뛰어난 전도성을 가지고 있어서 마음대로 휘어지는 게 가능한 전도 유망한 소재이다. 차세대 반도체를 포함하여 미래 전자 부품 산업의 핵심적인 소재로 기대를 모으고 있다.

하지만 최근의 혁신적인 소재는 예전의 주요 소재에 비해 파급 효과가 그리 크지 않다. 어느 소재가 등장한다고 해도 철의 탄생이나 초기 플라스틱 출현에 버금가는 효과를 기대하기 어렵기 때문이다. 이제는 폭넓은 응용 범주로 더 다양하고 혁신적인 소재가 발명되고 있고, 이를 이용하여 더욱 우수한 제품이 끊임없이 소개되고 있다. 편의성과 연결성 등 우리 생활에서의 진보가 신소재 출현과 함께 지속적으로 일어나고 있다.

소재의 선택지들

학문적으로 공학 분야에서 다루는 소재는 크게 3가지 금속 metal, 세라믹ceramic, 폴리머로 나뉜다. 자연에 존재하는 가장 많은 원소를 포괄하는 금속은 우리가 이미 잘 알고 있는 것처럼 대개 반짝이며 전기가 잘 통하는 소재이다. 세라믹은 도자기와 유리처럼 전기나 열전도가 잘 일어나지 않는 단단하지만 깨지기 쉬운 소재로 알려져 있다. 금속과 세라믹 모두 열처리를 통해 단단하게 만드는 과정이 필요한데 마치 도자기를 빚은 뒤 가마에 넣고 구워서 단단하게 만드는 과정과 같다.

이와 같이 도자기를 고온에서 굽는 것과 같은 과정은 반도체나 디스플레이 소자 등 세라믹 소재를 이용한 첨단 부품에도 똑같이 적용된다. 구조적으로 금속은 상대적으로 단순한 데 비해 세라믹은 복잡한 구조를 갖고 있다. 실리콘(Si) 금속이 비금속인 산소(O)와 결합하여 실리카(SiO_2)라는 재료가 얻어지는데, 이 결합 과정에서 금속성을 잃어버리고 세라믹이 되는 식이다. 세라믹은 실리카처럼 양이온인 Si, 음이온인 O의 이온 간 결합이 상당 부분을 차지하고 있는 구조로, 지금까지도 아직 시도되지 않은 무수한 조합을 연구하고 있다.

25

금속은 크게 철이 들어간 금속과 들어가지 않은 금속 두 분야로 나뉘어 연구가 진행되고 있고, 세라믹은 전통 세라믹스라 하여 유리, 도자기, 시멘트, 내화물(가마 속 벽돌같이 고온에서 견디는 세라믹) 같은 분야로 시작되어 전자 세라믹스, 반도체, 나노 소재 등 파생된 다양한 소재군이 존재한다.

앞서 언급한 폴리머는 탄소carbon 화합물을 근간으로 하고 있어서 직관적으로 불에 타서 재가 되는 소재라고 이해해도 된다. 예를 들어 종이, 나무, 천, 고무, 플라스틱 등은 불에 태우면 검게 변하는데 이는 화학 반응에 의해 카본 덩어리로 바뀌기 때문이다. 폴리머는 2개 이상의 단위체monomer가 반복되어 연결된 고분자 macromolecule(수천 개 이상의 원자로 이루어진 거대 분자) 소재인데, 고분자라는 용어 대신 일반적으로 사용되고 있다.

폴리머는 탄소를 중심으로 규칙적인 긴 분자 사슬 구조를 이루고 있다. 새로운 폴리머의 합성을 통해 새로운 원소의 결합을 유도하거나 사슬 구조를 인위적으로 변경하여 완전히 다른 특성의 고분자 소재를 만들어 낼 수 있다. 합성 고무나 나일론 같은 완전히 새로운 소재가 탄생하게 되는 경우이다. 폴리머는 유기 재료 organic material의 일부인데 유기 재료는 탄소를 기반으로 하는 광범위한 소재를 포함한다(금속, 세라믹은 무기 재료inorganic material이다). 예를 들어 유기 재료는 식물, 동물 그리고 화석 연료의 하나인 석탄 등도 포함한다. 소재 분야에서 학문적으로 다루는 폴리머는 생물이나 화석 연료는 배제하고 어떤 물체를 구성하는 기능적인

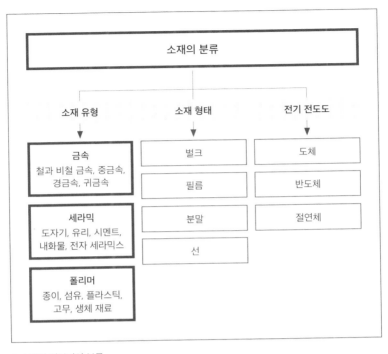

소재의 분류		
소재 유형	소재 형태	전기 전도도
금속 철과 비철 금속, 중금속, 경금속, 귀금속	벌크	도체
	필름	반도체
세라믹 도자기, 유리, 시멘트, 내화물, 전자 세라믹스	분말	절연체
	선	
폴리머 종이, 섬유, 플라스틱, 고무, 생체 재료		

● 소재의 기본적인 분류

소재로 국한한다고 이해하면 좋을 듯하다.

　　소재는 그 재료가 가질 수 있는 특정한 변수를 매개로도 분류할 수 있다. 예를 들어 전기가 잘 통하는 정도, 곧 전기 전도도에 따라 전도체conductor, 반도체semicondutor, 부도체insulator(혹은 절연체)로 소재를 나누기도 한다. 그 외에도 재료가 자석이 될 수 있는지, 투명하게 보일 수 있는지, 늘어나는 게 가능한지 등으로 다양한 분류 체계가 가능하다.

또한 재료의 형상으로도 구분이 가능한데 예를 들어 분말 powder 형태인지 필름film 형태인지 등이다. 우리가 눈으로 보는 물질은 대부분 특정한 모양을 가진 물체로 보이지만 그 안에는 다양한 형상의 소재가 결합되어 있다. 특히 반도체 칩이나 태양 전지solar cell 같은 첨단 제품을 만들기 위해서는 특정한 공정을 통해 필름 형태의 소재가 사용되어야 하고, 용도에 따라 다양한 입자 형태의 소재가 필요하다.

가치를 더하는 소재

소재는 인류의 출현과 함께 우리 생활과 밀접하게 발전해 왔다. 하지만 고체를 연구 대상으로 삼았던 물리(주로 고체의 원리를 탐구)와 화학(주로 소재를 얻는 공정)의 순수 학문 분야, 그리고 광물을 다루었던 지질학 분야가 모여서 금속, 세라믹, 고분자(혹은 섬유) 같은 공학의 학문 분야로 독립하였는데 타 공학 분야에 비해 비교적 짧은 역사를 가지고 있다. 현재는 재료 분야로 통합되어 다양한 응용 분야에 적용 가능한 소재를 탐구하고 이해하는 학문 분야가 되었다. 물론 고체로서의 소재는 학문의 경계 없이 거의 전 분야에서 다루는 매우 중요한 연구 대상이다. 결국 신소재라는 용어는 일반적으로 과거에 알려진 소재와 달리 개발이나 상업화 가치가 있는 새로운 소재를 의미한다.

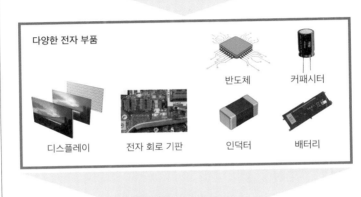

전자 및 기능성 소재
기판 소재(폴리머, 유리)
반도체 소재(실리콘, 갈륨비소)
디스플레이 소재(LED, 발광 소재, 형광체)
전해질, 전극 소재

전도성 소재(금속, 세라믹)
절연체 소재(세라믹, 폴리머)
화학 소재(페이스트, 잉크)
패키징 소재(세라믹, 금속, 폴리머)

다양한 전자 부품

반도체   커패시터

디스플레이   전자 회로 기판   인덕터   배터리

노트북(완제품)

● 소재에서 출발한 전자 부품과 이를 이용한 완제품의 예

29

신소재가 중요한 이유는 우리가 알고 있는 첨단 제품의 시작점이기 때문이다. 올바른 소재의 선택이 최종 제품의 성능과 관련되어 있어서 최고의 소재를 확보하는 것이 곧바로 경쟁력이 되는 시대에 이르렀다. 노트북을 예로 들어 보자. 노트북이 생산되기 위해서는 수많은 부품이 만들어지고 이를 순서에 따라 각기 조립하여 완제품이 탄생하게 된다. 부품들은 전면 디스플레이, 많은 소자(독립된 고유한 기능을 가진 부품)가 얹혀 있는 회로 기판, 배터리 그리고 케이스 등으로 구성되어 있다. 회로 기판에는 반도체, 커패시터capacitor(전하를 저장하는 소자) 등 수많은 작은 소자가 모여 있다. 이렇게 다양한 구성품은 우리가 앞서 언급한 금속, 세라믹, 폴리머 소재를 선택하여 만들어진다. 빠른 신호를 전달하기 위한 금속 소재의 선택, 가벼운 폴리머 기판, 다양한 기능성 세라믹 소재를 적용하는 것과 같다.

그러므로 소재의 한계가 곧 부품의 한계이고 완제품의 한계이기도 하다. 원천 소재 개발에 매진하고 있는 이유이기도 하다. 우리가 원하는 모든 첨단 기능, 더 가볍고 충격에 잘 버티는 노트북, 더 오래 지속되는 배터리, 더 넓은 시야각의 터치 디스플레이 등이 소재 선택에 따라 개선이 거듭되고 있는 새로운 기능들이다.

앞의 예시처럼 소재는 가까운 혹은 먼 미래에 만들어질 완제품의 존재 여부를 가늠하는 척도가 된다. 단지 첨단 전자 제품뿐만이 아니라 에너지, 환경, 생활, 바이오 분야에서도 우리 삶의 영위와 개선을 위한 모든 과학적 활동의 성과물이 소재 개발의 성공과 직접 연결되어 있다. 예를 들어 자원 고갈을 대체하기 위한 기술, 새로운 에너지원을 찾기 위한 노력도 새로운 소재의 등장과 긴밀한 연관성이 있다.

우리는 이미 전기차의 부상으로 기존의 화석 연료를 대체할 기술의 진보가 어떻게 이동 수단의 혁신적인 변화를 가져다주었는지 실감하고 있다. 좋은 소재의 개발로 단순히 더 나은 성능의 전기 모터나 배터리만 얻으려는 것이 아니다. 전기차를 충전할 수 있는 인프라의 구축과 탄소 배출 감소와 같은 소재 기술이 가져다준 새로운 변화가 이어지고 있다. 전 세계적으로 소재 기술력을 바탕으로 한 자국 산업의 보호와 경쟁력을 확보하기 위한 노력을 계속하고 있다. 이처럼 미래에 선보일 첨단 제품들이 새로운 소재 개발에서 시작되므로 소재 기술을 확보하는 것은 국가와 기업의 생존과 번영에 직결된다.

2. 살아남은 소재 이야기

우리가 무심코 사용하고 있는 제품 속에는 신기한 소재들이 숨어 있다. 어떤 기준으로 소재가 선택되는지 그 기준이 무엇인지 알아보자. 연구자들은 과거에도 현재에도 가장 이상한 소재를 찾고 있다.

새롭게 개발되어 현재 우리가 사용하고 있는 소재들은 기존에 알려진 일반적인 성질을 뛰어넘는 가장 특이한 물질을 찾아낸 결과물이다. 우연히 연구를 통해 얻어진 소재도 많지만 독특한 발명품 중에는 우리의 상상에서 시작되어 구현된 것도 상당히 많다. 스크래치가 자동으로 복원되는 금속, 전기가 흐르는 투명한 세라믹, 깨지지 않는 유리, 찢어지지 않는 종이, 전기를 생산하는 세라믹 같은 일반적인 상식을 뛰어넘는 연구가 진행되고 있다. 따라서 과학자가 아닌 누구라도 상상을 통해 새로운 소재에 대한 아이디어를 제공하는 것이 충분히 가능하다.

그만큼 우리는 일상생활의 경험을 통해 소재의 한계를 잘 알고 있다. 어떤 물건이 떨어지면 깨지는지, 김치 냄새가 쉽게 배지 않으려면 어떤 소재의 용기를 써야 하는지, 주름이 잘 가지 않는 옷감은 무엇인지, 교체하지 않고 오랫동안 쓸 수 있는 전구는 없는지 등 말이다.

상식을 뛰어넘는 혁신적인 아이디어는 각 소재가 가지고 있는 성질의 한계를 뛰어넘을 때 구현이 가능하다. 그러므로 개발하는 데 난이도가 높지만 성공한다면 파급 효과가 큰 소재가 될 수 있다. 예를 들어 전기가 잘 통하는 신기한 투명 세라믹 소재가 발명되지 않았다면 현재 우리가 사용하는 노트북이나 TV 디스플레이 제품이 나오지 못했을 것이다(금속이 아닌데 어떻게 전기가 흐를 수 있을까).

이러한 관점에서 아직도 과학자나 개발자의 역할은 가장 신기한 소재를 찾아내거나 인공적으로 만들어 내고, 또한 그것이 어떻게 가능할 수 있는지 원리를 규명하는 것에 초점이 맞춰져 있다. 결국 연구자의 결과물로 새로운 소재가 소개되고, 이를 바탕으로 첨단 응용 제품의 출현과 함께 편의성·기능성 면에서 우리 생활 환경의 진보가 점진적으로 일어나는 것이다.

불가피한 소재의 선택

원하는 소재의 구현은 자연에서 얻어지는 원료를 바탕으로 하기 때문에, 연구 단계부터 어떤 소재를 선택할 것인가, 하는 기로에 놓이게 된다. 사실 발명된 소재의 성공 기준은 완제품으로 만들어져서 우리가 일상생활에서 실질적으로 사용하느냐에 따라 좌우된다. 제품이 탄생하기까지 어떤 기업이 특정 소재의 생산에

나서야 하고 이윤이 남도록 제품의 경쟁력을 갖춰야 한다. 학문적
으로 아무리 뛰어난 소재라도 일상생활에 쓰이지 못하고 사라진
경우가 대부분인데, 상품화되지 못했거나 시장에서 외면했기 때
문이다. 결국 최종적으로 우리가 구입하는 제품에 그 소재가 많이
쓰여야 한다.

　　소재를 선택하는 기준 중에 하나는 원료가 되는 물질을 얼
마나 쉽게 얻을 수 있느냐에 달려 있다. 지구 지각crust(지구 표면
약 35km 깊이 이내로 광물이 존재하는 지역, 지구 반지름이 6371km이
므로 지각은 표면으로부터 약 0.5% 깊이에 해당한다)에 고체로서 존
재하는 94가지의 원소 중 산소(O)가 46.1%, 실리콘(Si) 28.2%, 알
루미늄(Al) 8.23%, 철(Fe) 5.63%, 칼슘(Ca) 4.15%로 가장 많은 5가
지 원소에 해당한다. 여기에 나트륨(Na) 2.36%, 마그네슘(Mg)
2.33%, 칼륨(K) 2.09%, 타이타늄(Ti) 0.57%, 수소(H) 0.14%를 포
함하면 자연에 존재하는 가장 풍부한 10가지 원소가 된다.

　　기체가 아니라 고체 광물에 존재하는 산소의 양은 실리
콘과 함께 전체 지각 내에 약 75%를 함유하고 있다. 탄소(C)는
0.02%로 17번째로 많은 원소이다. 결국 풍부한 원소들은 자연에
서 쉽게 얻을 수 있어서 저렴하게 활용이 가능한 소재이다. 이러
한 풍부한 원소로 구성된 소재들이 주변에서 폭넓게 사용되고 있
고 상업화 면에서도 선호도가 높은 소재이다. 현재 산업에서 유리
(Si, Al, Ca, O가 주성분)와 시멘트(Si, Al, Ca, O가 주성분), 철(Fe)을 함
유하는 금속이 많이 쓰이는데 이런 풍부한 원소들이 재료를 이루

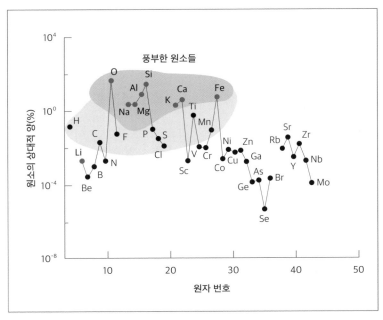

● 지구 지각에서 얻어지는 원소의 상대적 양

는 주성분이기 때문이다.

하지만 안타깝게도 이 원소들만으로 우리가 원하는 특성을 가지는 소재나 부품을 만들 수는 없다. 그러므로 꼭 필요한 특정한 원소를 생산할 수 있는 자연 환경이 해당 나라의 경제적·산업적으로 중요한 경쟁력이 되기도 한다. 예를 들어 요즘은 리튬(Li) 생산이 매우 중요한데 전기 자동차용 배터리를 제작하는 데에 리튬의 존재가 절대적이기 때문이다. 보통 리튬 배터리라고도 부르는데 리튬만이 가져다주는 독특한 전기적 특성이 존재하기 때문이다(8장에서 다시 설명한다).

33번째로 풍부한 리튬은 0.002%만이 존재하며 다른 광물 자원과 마찬가지로 칠레, 호주, 볼리비아, 중국 등 일부 특정한 지역에 한정하여 분포되어 있다(리튬은 엽장석petalite, $LiAlSi_4O_{10}$과 리튬 휘석spodumene, $LiAlSi_2O_6$이라는 광물에 존재하며 화학 반응으로 추출해야 한다). 그러므로 개발자 입장에서는 리튬을 대체할 수 있는 더욱 풍부한 원소를 찾아낸다면 매우 큰 파급 효과를 가져올 것이다. 아마도 노벨 화학상 수상의 영예를 안을지도 모른다.

다른 예로는 희토류rare earth 금속을 들 수 있는데, 일부 국가에서 독점적으로 공급하고 있어서 요즘 전 세계적으로 이슈가 되고 있다. 네오디뮴(Nd), 사마륨(Sm)은 전기 자동차 모터에, 유로퓸(Eu), 이트륨(Y)은 디스플레이에, 세륨(Ce)은 반도체 공정에 없어서는 안 될 희토류 원소들이다.

오늘날 우리가 사용하는 제품을 구성하고 있는 소재는 가장 좋은 특성을 가지고 있으며, 그 장점에 의해 선택된 것이다. 가장 좋은 특성을 가진 소재는 대부분 희귀한 원소를 포함하고 있다. 지구상에 존재하는 94개의 원소 중 71개의 원소가 지구 지각 내에 0.01% 미만으로 존재하고 있어서 그것을 활용하기 위해서는 상당한 비용을 지불해야 한다.

물론 소재의 희소성만이 그 가치를 결정하지는 않는다. 전체 부품이나 완제품값에 비해 소재 비용은 상대적으로 비중이 적기도 하고, 기업 간 기술 경쟁이나 규제 환경(독성이 있는 원소는 별도의 규제로 통제한다) 등 많은 요인에 영향받기도 한다. 또한 대부분의 소재는 특정한 공정을 거쳐 여러 가지 원소가 결합된 화합물compound의 형태로 만들어지기 때문에, 소재의 선택은 단일 원소에만 한정되지 않고 다양한 조건을 고려해야 한다.

생활 속의 신기함

우리가 생활하는 공간에는 어떤 재미있는 소재가 쓰이고 있는지 구체적인 예를 들어 살펴보자. 건축물로서 집을 구성하는 것에는 많은 기능성 소재가 쓰이고 있는데, 우리 생활의 편의성과 경제성, 삶의 질과 환경 개선에도 직접적으로 연관되어 있다.

먼저 미래의 건축물을 상징하는 제로 에너지 하우스Zero Energy House라는 단어에서 시작해 보자. 탄소 배출로 지구 온난화가 가속화되고 있으므로 지구 환경을 생각하여 건축물부터 탄소 배출이 제로가 되는 에너지 기술을 접목하자는 의미이다.

선진국 통계에 따르면 대략 생산되는 총 전기 에너지의 40%가 건축물에 사용된다고 한다. 탄소 배출이 제로가 되기 위해서는 일단 외부에서 유입되는 전원을 대체하는 기술이 필요하다. 왜냐하면 외부 전기 생산을 위해서는 발전소에서 화석 연료(석탄, 석유, 천연가스 등)를 사용하는데 이것을 전기 에너지로 바꾸는 과정에서 많은 양의 탄소가 배출되기 때문이다. 예전처럼 난방을 위

반투명 태양 전지 지붕

전기 변색 전자 커튼

제로 에너지 스마트 홈

인조 대리석 상판

열전 와인 쿨러

● 건축물에 적용된 다양한 첨단 소재의 활용

해 나무를 땐다면 탄소 배출이 엄청나게 일어날 것이다. 검은 연기는 탄소 배출을 의미한다(나무는 탄소 기반 폴리머이다).

건축물에서 탄소 배출이 일어나지 않는 에너지원을 확보하기 위해서는 신재생 에너지의 하나인 태양 전지 같은 독립적인 에너지원을 설치해야 한다. 또한 태양열(태양 전지는 빛 에너지를 이용하나 태양열은 뜨거운 열을 이용한다)을 이용하여 온수로 바꾸어 난방에 사용하거나, 저온과 고온의 순환이 가능한 열펌프를 이용하여 냉방도 가능하게 할 수 있다.

자체적인 생산으로 에너지 공급의 독립도 중요하지만, 한편으로는 필요로 하는 전기 에너지의 소모를 크게 줄여야 한다. 예를 들어 건축 설계를 통해 태양 빛이 많이 들어오도록 하여 조명, 난방 비용을 줄이거나 단열이 잘되도록 하여 쾌적한 공기 순환을 통해 실내 온도를 유지하는 것이다. 단열을 유지하기 위한 노력으로는 특수한 단열재를 이용하거나 열 차단이 가능한 특수한 유리창을 들 수 있다.

제로 에너지 하우스를 가능하게 하기 위해서는 새로운 소재의 적용 없이는 불가능하다. 기존의 태양 전지로는 성능이 부족하여 지붕 전체를 덮거나 벽면에 태양 전지 패널을 설치해야 한다(태양 전지의 성능은 설치 면적에 비례한다). 특히 아파트 구조물에는 모든 세대에 필요한 에너지를 공급하기 위해 패널을 설치해야 하는 면적이 상대적으로 부족하다. 한편, 쓰고 남은 저장된 태양 에너지를 전기차에 공급할 수 있다면 더 효율적일 것이다.

태양 전지는 반도체 소재를 통해 만들어지는데, 현재 여러 분야에 널리 사용되는 실리콘 태양 전지로는 한계가 있어서 태양 빛을 더 효율적으로 전기 에너지로 바꿀 수 있는 새로운 반도체 소재가 필요하다. 만약 일반 창문을 투명한 태양 전지로 대체한다면 가장 이상적이다. 태양 전지를 투명하게 하는 기술은 새로운 태양 전지 기술(염료 감응형 태양 전지라는 기술로 13장에서 설명한다)로 가능하나 실생활에 적용하기에는 값이 비싸고 에너지 변환 효율이 상대적으로 낮고 시간이 지날수록 성능이 저하되는 문제로 널리 활용되지 못하고 있다.

또한 건축물 자재를 폐기할 때도 제로 탄소를 시도하려는 노력이 계속되고 있다. 이 역시 소재의 개발과 선택이 중요하다. 즉, 폐기물을 재활용하려는 노력부터 바이오 기술을 접목하여 땅속에서 분해가 잘 일어나는 건축 소재를 이용하는 것처럼 말이다.

현재 건축물에서의 또 다른 핵심적인 단어는 스마트 홈 Smart Home이다. 사물 인터넷IoT, Internet of Things 기반의 무선으로 통제가 가능한 가전, 전기, 냉난방 등을 조절하는 시스템을 말한다. 가령 핸드폰을 통해 원격으로 집 안 모든 시스템의 조절이 가능하다. 또한 사무실, 자동차의 각종 기능 제어뿐만 아니라 일상의 동선을 파악하여 건강과 안전까지 챙기는 쪽으로 진화하고 있다.

이를 위해서는 많은 전자 부품, 특히 다양한 센서가 필요한데 새로운 소재의 개발과 함께 진화가 이루어지고 있다. 예를 들어 창문에 커튼을 설치하지 않고도 원격으로 창에 전기를 가하여 투명도를 바꾸어 커튼의 역할을 할 수 있는데 이는 전기 변색 electrochromic(WO_3나 특정 고분자 소재에 전기 화학 반응을 일으켜 색 변조를 일으킴) 소재의 개발에 달려 있다.

센서의 정의는 어떤 자극을 센싱(감지) 한 후 전기적 신호로 바꾸는 소자를 의미하는 것으로, 스마트 홈에 적용되는 센서는 사람의 동작, 위치, 얼굴, 맥박과 주위의 온도, 조명, 소리 등의 변화를 소재나 회로의 반응을 통해 전기적 신호로 바꾸는 데에 중점을 두고 있다. 이제는 우리의 일상과 떼려야 뗄 수 없는 관계가 된 스마트폰에도 다양한 반응에 민감한 센서들이 적용되어 있는데, 터치 센서, 이미지 센서, 자이로 센서gyro sensor(회전하는 각속도 측정으로 움직이는 방향 센싱), 가속도 센서, 근접 센서, 밝기 센서, 지문 인식 센서 등이 있다.

지금까지 미래 건축물을 중심으로 기술이 진보하기 위해서는 관련 소재의 발전이 함께 이루어져야 한다는 것을 여러 예시와 함께 살펴보았다. 물론 우리 주위에 신기한 소재가 숨어 있다는 사실을 잘 알지 못하는 경우가 대부분이지만, 무심코 사용하는 제품이나 물건에는 유용한 소재가 적용되어 있다.

그런 신기한 소재의 예는 특히 우리가 사용하고 있는 전자 제품에서 많이 볼 수 있다. 모든 전자 제품은 전원 버튼을 눌러서 전기를 소재에 흐르게 하고 그것으로 조금 특이한 반응을 일으키는 경우가 있다. 예를 들어 전기를 가하여 소재의 크기를 미세하게 바꾸어 카메라의 오토 줌처럼 자동으로 초점을 맞추는 게 가능하며, 빠르게 진동하게 하여 안경 렌즈를 닦을 때 사용하는 초음파ultrasonic 세척기로 응용이 가능하다. 같은 원리로 가열이 아닌 진동으로 물을 증발시켜 가습기로도 사용하고 있다.

반도체 소자는 좀 어려운 원리가 숨어 있지만 열을 흡수하고 방출하는 데에도 사용이 가능해서(열전thermoelectric 현상이라고 한다) 전형적인 냉매를 사용하는 냉장고 대신 비교적 간단한 구조의 와인 냉장고를 만드는 데에도 활용된다. 미세한 온도 변화를

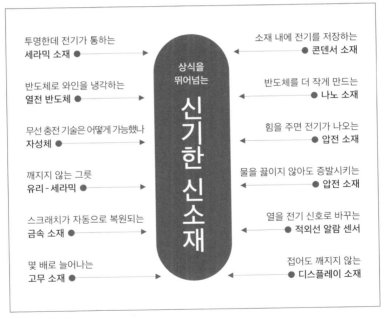

● 우리가 사용하는 제품에 숨겨진 신기한 소재

감지하여 외부인 침입을 알리는 적외선 센서부터 외부의 힘을 민감하게 감지하여 몸이나 걷는 자세를 보정해 주는 압력 센서, 휘어지는데 깨지지 않는 디스플레이, 초창기에 핸드폰 무선 충전을 가능하게 한 자성 세라믹까지 모두 신기한 소재를 활용한 결과물이다. 대부분 우리가 일상생활에서 사용하고 있는 제품이지만 상식을 뛰어넘는 신기한 소재 없이는 실현 가능하지 않았던 기술들이다.

소재 특성, 선택의 기준

앞에서 예로 든 특정한 소재를 확보하기 위해서는 구체적인 목표가 되는 특성을 설정하고, 그것을 가능하게 하는 연구 개발을 진행해야 한다. 학문적으로는 그 목표가 바로 소재가 가지고 있는 특성이라고 할 수 있다. 크게 6가지 소재의 특성, 즉 전기적electrical, 유전적dielectric, 자기적magnetic, 광학적optical, 기계적mechanical, 열적thermal 특성에 해당된다.

각 특성에는 대표할 만한 주요 변수가 있는데, 그 특성이 기본적으로 소재를 활용하기에 좋은지 아닌지 판단하는 기준이 된다. 예를 들어 전기적 성질은 전기가 잘 통하느냐 않느냐가 기준이 되는데 금속은 전기가 잘 통하고 세라믹, 폴리머는 전기가 잘 통하지 않는 것과 같다. 금속 중에서도 구리나 철 아

	대표 변수 / 의미	금속	세라믹	고분자
전기적 성질	전기 전도도 전기가 잘 흐르는 정도	○	×	×
유전적 성질	유전 상수 전기를 얼마나 모을 수 있나	×	○	△
자기적 성질	투자율 얼마나 강한 자력을 가지는가	○	△	×
광학적 성질	굴절률 빛의 속도에 비해 빠른 정도	×	○	△
기계적 성질	기계적 강도 물리적 힘에 얼마나 버틸 수 있나	△	×	○
열적 성질	열용량 어느 정도의 열을 수용할 수 있나	△	○	×
		○ 좋음 △ 보통 × 나쁨		

● 주요 성질을 결정하는 대표 변수와 소재의 기여

니면 다른 금속을 선택하느냐에 따라 전기 전도도는 다르게 나타난다.

유전적 성질은 직관적으로 이해하기는 좀 어려운데, 전기가 통하지 않는 세라믹 같은 소재에 배터리를 연결하여 전기 에너지를 가할 때 생기는 현상에 관한 것이다. 금속과 달리 전기가 흐르지 않으므로 이동할 수 없는 전기가 모이게 되고 결국 저장되는 것이다. 저장된 전기는 다시 유용하게 전기 에너지 공급원으로 사용하거나 파생되는 다른 현상을 이용하게 된다(8장에서 다시 설명한다).

2. 살아남은 소재 이야기

자기적, 광학적, 기계적, 열적 특성은 용어에서 알 수 있듯이 자기장magnetic field(막대자석을 가까이 가져간다고 생각하자), 빛, 힘, 열을 가했을 때 소재에서 나타나는 현상이라고 생각하면 된다. 예를 들어 힘을 소재에 가하면 버티다가 부러지는데 이를 어떻게 과학적으로 표현하느냐의 문제이다. 각 소재의 한계를 알면

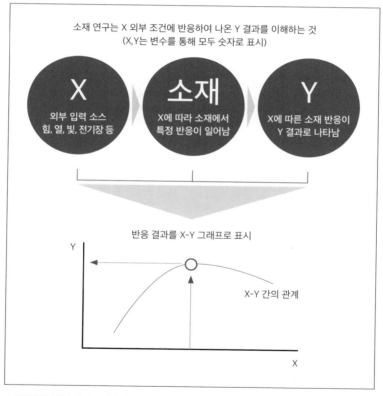

●외부 조건(X)에 따라 소재가 반응한 결과(Y)

어느 곳에 어느 소재를 가장 효율적으로 선택하여 사용할 수 있는
지 해답이 나온다. 다이아몬드가 가장 강하다고 말한다면 다이아
몬드를 부러뜨리거나(강도, strength) 스크래치 내기(경도, hardness)
가 어렵다는 의미이다. 이와 같이 6가지 주요 성질과 관련하여 세
라믹, 금속, 폴리머가 가진 특성의 좋고 나쁨은 대략적으로 정해
져 있다. 하지만 이를 극복하는 것이 중요한데 상식을 뛰어넘어야
신기한 소재가 될 수 있다.

　　결국 소재의 연구, 즉 소재를 특성에 따라 정의하고자 하는
노력은 X라는 외부에서 입력되는 소스에 따라 소재가 반응하고
이때 일어나는 현상인 Y의 관련성을 연구하는 활동이라고 할 수
있다. X-Y 그래프가 도출되고 이 숫자들의 의미를 표현하기 위한
노력인 것이다. 이와 같은 노력으로 앞에 열거한 소재가 얼마나
신기한지 서로 비교할 수 있고 실제 어디에 쓰이면 좋을지 예측이
가능하다. 또한 도출된 그래프를 이해하는 것이 소재 분야에서 다
루는 학문 영역이 된다.

　　이 책의 3부에서는 외부의 입력 소스, 즉 전기, 빛, 힘, 열이
주어졌을 때 재료가 어떻게 반응하는지, 그리고 변화된 특성을 어
떻게 정의하는지 예시와 함께 소개할 예정이다. 전기는 1.5V(볼
트) 배터리나 220V 전원을 의미하고 빛은 태양에서 오거나 우리
가 사용하는 조명에 해당한다. 힘은 떨어지거나 부러뜨릴 때 등을
고려하는 것이고 열은 여름, 겨울처럼 온도 변화가 일어날 때를
가정한 조건이라고 이해해도 된다. 결국 우리가 생활하면서 주위

의 바뀌는 조건에 따라 소재가 어떻게 다르게 반응하는지 알고 싶은 것이다.

따라서 입력 소스의 조건이 되는 X는 전기, 빛, 힘, 열에 해당하며 Y는 소재의 반응에 따라 도출된 결과이다. 예를 들어 전기장을 하나의 배터리에 해당하는 1.5V로 시작하여 다수로 직렬 연결하여 계속 전압을 올린다고 가정하면 금속 소재의 경우 전류나 전기 전도도 같은 값들의 변화를 볼 수 있다. 이때 전압이 X가 되고 Y는 전류나 전기 전도도의 결괏값이 된다. 결국 X-Y 그래프가 완성되는데 그래프의 모양은 소재의 종류와 형상 등에 따라 달라지게 된다. 다양한 X 조건에 따라서 소재는 모두 다른 반응을 보이지만 상식을 벗어나거나 매우 우수한 결과가 나오는 경우 신기한 소재로 인식되는 시작점이 될 수 있다.

1833년 패러데이Michael Faraday에 의해 최초로 반도체 특성이 관찰된 황화 은(Ag_2S)의 경우도 다른 금속과 달리 비상식적인 전기적 성질을 보이며 반도체 소재 연구의 출발점이 되었다. 구리와 같은 금속은 열을 가하면 전기 저항이 올라가는 데 비해 황화 은의 경우는 온도가 올라감에 따라 저항이 떨어지는 것을 발견하게 된다.

초전도체superconductor의 경우도 수은(Hg)과 납(Pb) 같은 금속에서 매우 낮은 온도에서 갑자기 전기 저항이 완전히 없어지는 현상을 우연히 발견하면서 시작되었다. 은(Ag)과 같은 대부분의 금속은 온도가 낮아지면서 전기 저항이 계속 떨어지지만 사라지지는 않는다. 모든 소재 (혹은 과학적) 현상은 이와 같이 그래프 상의 변화를 도출하고 이해하는 데에서 시작된다.

3. 인류 역사를 이끈 물질

수천 년 전부터 인류 문명의 전개는 생존을 위한 물질의 확보와 그 활용에 깊이 연관되어 있다. 초장기 채집, 사냥을 위한 도구부터 종족 보존을 위한 각종 무기 제작까지 인류의 중요한 변화는 새로운 소재의 등장과 함께했다. 석기, 청동기, 철기 시대를 거쳐 현대에 이르기까지 역사적으로 큰 파급 효과를 가져온 주요 소재를 소개해 본다.

□
□
□
□
□

　새로운 물질의 발견은 우리 인류 문명의 발전과 밀접한 관계가 있다. 인류의 문명은 석기, 청동기, 철기 시대를 거쳐 왔다. 매우 흥미롭게도 그 시대 구간을 재료를 통해 구분했다는 점에서 인류 역사의 변천이 물질의 발견과 깊이 연관되어 있다는 것을 알 수 있다.

　산업이 발전하기 훨씬 전 인간이 생존하기 위해 기본적으로 확보하고 활용한 것들을 생각해 보면 소재의 중요성을 실감할 것이다. 우선 먹을 것을 구하기 위한 채집과 사냥에 필요한 도구, 음식물을 보관하고 손질하기 위한 도구, 불을 이용해 조리하기 위한 도구 들을 비롯해 안전한 주거 공간을 확보하고 종족 보존을 위해 전쟁에 쓸 무기 개발과 함께 초기 인류의 역사가 전개된다.

　특히 새로운 물질의 확보와 그 활용은 특정 인종의 생존·번영과 긴밀히 연결되어 있다. 오늘날에도 새로운 물질의 발견이 여전히 사회에 획기적인 변화를 가져올 수 있다는 점에서 이러한 역사의 흐름은 계속된다고 볼 수 있다. 과학적 원리가 구체화되기 전 인류 역사를 바꾸어 놓은 소재의 출현과 의미를 살펴보는 것에서 소재를 이해해 보자.

최초의 인공 소재, 점토

약 150만 년 전 전기 구석기 시대에 들어서 초기 인류가 사용했던 도구는 사냥한 짐승으로부터 얻은 가죽이나 뼈 그리고 돌을 이용한 주먹 도끼를 유용하게 활용하는 데에서 출발한다. 약 2만 7000년 전 후기 구석기 시대에 들어와서야 빙하가 후퇴하면서 생긴 충적토alluvium를 점토clay와 혼합한 후 구워서 단단해진 토기를 최초로 이용한다. 그 당시 충분한 열의 제공이 어려웠지만 우연히 충적토를 혼합함으로써 비교적 저온에서도 점토를 단단하게 할 수 있었을 것으로 추정된다.

점토는 열을 가해서 얻어진 최초의 물질로서 세라믹의 기원으로 여겨지는데 세라믹 단어의 기원이 그리스어인 케라모스keramos, 즉 열을 가해서 얻어진 물질을 의미한다. 이러한 토기의 활용은 메소포타미아 지역의 최초 도시에서 농업 기반을 이루는 데 결정적인 기여를 한다. 열이 가해지면 물리적 성질이 크게 바뀌므로 점토는 인류가 발명한 최초의 인공 소재이기도 하다.

점토는 커다란 판상형의 원자층으로 이루어진 얇은 판을

● 점토에 새겨진 인류 최초의 수메르 문자

형성하고 각 판이 약하게 결합하고 있어서 힘을 가해서 다양한 모
양을 형성하는 데에 용이하다. 여기에 열을 가하면 수분이 증발하
면서 점토가 크게 수축하며 새로운 구조를 형성한다. 농경 시대의
시작과 함께 인류의 정착 생활이 새로운 문명으로 자리매김하면
서 햇빛에 말린 진흙 벽돌로 가옥을 짓는 기술로 도시가 생겨나고
점토를 이용한 곡식의 저장 수단도 더욱 발달한다.

　　기원전 7000년 무렵 점토를 이용하여 냄비를 만들어 불에
굽기 시작하면서 비로소 음식 조리와 함께 액체도 보관할 수 있는
용기가 마련된다. 또한 점토는 기원전 4000년경에 만들어진 것으
로 추정되는 상형 문자가 기록된 점토판이 발견되면서 정보를 저
장하는 수단으로써 인류 최초의 저장 매체가 되었다.

최초의 금속, 구리

주위에서 쉽게 접할 수 있는 나무와 돌, 점토를 사용하던 초기 고대인들이 비로소 금속의 존재에 대해서 알게 된 것은 기원전 6만 7000년경이었다. 금속은 흙 속에 매우 적게 존재하고 독립적이기보다 화합물 안에 구성원으로 존재하기 때문에 쉽게 확보하는 데에 어려움이 있었다. 왜 상대적으로 지구상에 적은 함량으로 존재했음에도 구리(Cu)가 철(Fe)이나 알루미늄(Al)보다 최초의 금속이 되어 청동기 시대를 이끌었을까.

구리는 철보다 약 3000년, 알루미늄보다는 약 5000년 전에 사용이 가능했는데 이는 천연 광석으로 존재했을 뿐만 아니라 제련(열이나 화학적 방법으로 광석으로부터 금속을 추출하는 과정)하기가 훨씬 쉬웠기 때문이다. 철과 알루미늄은 각각 산화 철과 산화 알루미늄으로 존재하는데 화학적 안정성이 매우 좋아서 분해하는 데 고온이 필요하므로 추출이 쉽지 않다. 대기 상태에서 단단한 표면의 산화막(산소와 반응하여 생긴 얇은 층)을 형성하여 가장 안정적인 상태로 존재하는 알루미늄 제련법이 가장 늦게 발견된 이유가 여기에 있다. 구리 광석은 환원 반응(여기서는 산소를 잃어서 금속으로 돌아가는 반응)이나 제련을 통해 순수 구리 금속을 얻는 데 매우 유리하다.

기원전 7000년대에는 직접 자연에서 천연 구리를 얻어서 사용하였으나, 그 후 구리가 많이 매장되어 있는 지역을 발견한다. 지중해 키프로스섬에서 매장된 구리가 발견되어 구리 영문명인 카파copper는 키프로스섬 물질을 뜻하는 라틴어 쿠프롬cuprum에서 왔다. 구리 제련법은 기원전 4000년경 이란 지역에서 시작되었다고 알려졌는데 숯처럼 탄소가 많이 들어간 물질과 함께 가열하여 수분과 이산화탄소가 제거되고 난 후에 구리 금속을 얻었을 것으로 추정하고 있다. 숯을 통한 구리 제련 기술이 탄소와의 반응을 이용한 최초의 인위적인 화학 반응이었을 것이다.

다만 숯을 얻기 위해 약 7배의 나무가 필요하다는 것을 감안하면 구리를 얻기 위해 나무 소모가 엄청났을 것으로 짐작된다 (구리 1g을 추출하기 위해 숯 20g이 필요했을 것으로 추정). 구리를 통한 최초의 금속 제련법의 발견은 다른 금속을 확보하기 위한 시도를 가져왔으며, 금속 광물이 매장된 광산을 차지하기 위한 정복 활동으로 이어졌다. 더 많은 금속을 확보하는 것이 부족과 종족의 힘의 원천이 되었고, 결국 제국의 형성과도 관련 있다는 것을 짐작할 수 있다.

기원전 3200년경 구리에 주석(Sn)을 함유하는 청동bronze 제작법이 알려지면서 청동기 시대가 열린다. 그런데 왜 청동에 5~10% 소량의 주석이 필요했을까. 우연히 발견되었겠지만 구리 원자에 비해 작은 주석 원자가 들어감으로써 강도가 세지고 녹는 점을 낮추는 효과가 있어서 쉽게 구리를 확보할 수 있었기 때문이다.

2가지 이상의 원소가 포함된 재료를 합금이라 하는데 비로소 구리를 기반으로 한 다양한 형태의 합금, 즉 구리-주석, 구리-비소, 구리-주석-철과 같은 조합이 이 시기에 시도되었다. 청동의 발견과 함께 1000년 이상 거울, 단검, 쟁기, 갑옷 등의 도구로 사용되었지만 제련 시 나오는 독성 물질인 삼산화 비소(As_2O_3)로 인해 제련공들은 비소 중독으로 불구가 되거나 수명이 짧았다.

화폐의 시작, 금과 은의 발견

청동기 시대에서 철기 시대로 넘어가기 전인 기원전 4000년경 금(Au)과 은(Ag)이 발견된다. 기원전 2600년경 메소포타미아에서 금을 사용한 유물이 발굴되어 금은 구리에 이어 두 번째로 발견된 금속으로 여겨졌다. 당시 그 지역 우르(Ur)에서 발견된 왕족 고분에서 나온 금관과 단검에서 금이 사용된 것을 확인할 수 있었는데, 금을 석영quartz(수정이라고도 불리는 SiO_2 조성의 광물) 광맥에서 찾거나 침식 작용을 통해 우연히 얻어진 작은 덩어리 형태로 발견되었을 것으로 예측된다.

금은 산화가 일어나지 않고 변하지 않는 노란빛 광택으로 그 가치가 매우 높다. 예외적으로 이집트에서 많은 금광이 발견된 점은 기원전 1500년 전후 파라오 이집트 문명의 전성기와 관련이 있다. 또한 당시 하찮은 물질을 금으로 바꾸고자 하는 연금술을 향한 노력으로 후에 화학 분야 학문 발전에 매우 큰 기여를 하게 된다.

은은 공기와 반응하면 금속성을 빨리 잃어버려서 자연에서는 보기 어려웠다. 주로 납이 다량 함유된 광물에서 추출했는데 고온에서 가열해서 산화된 납을 증발시키거나 분리해서 순수한 은을 얻었다고 추정하고 있다(납 성분이 들어가면 고온이라도 비교적 낮은 온도에서 반응이 가능해진다). 몇천 년 동안 납이 포함된 광물로 은을 제련하는 과정에서 나오는 납 부산물 때문에 아직까지도 유럽의 많은 호수가 오염된 상태이다.

금과 은은 그 후 수천 년 동안 여러 왕족의 부의 상징으로 축적의 대상이 되었다. 특히 화폐 수단으로 그 가치가 매겨짐으로써 수요가 늘어만 갔는데, 최초의 화폐는 기원전 7세기경 리디아(현 튀르키예)에서 금과 은이 섞인 일렉트럼electrum 덩어리로 만든 주화였다. 이후 제련법의 발달로 순수한 금과 은을 만들 수 있게

●최초의 화폐인 리디아인이 사용한 일렉트럼 주화

57

되면서 화폐도 점차 순금과 순은으로 대체되었다. 청동 화폐는 은화보다 낮은 가치를 지니며 기원전 5세기경에 뒤늦게 등장했다.

철의 등장, 철의 시대

기원전 13세기에 들어와 이집트, 터키 지역에 집중되었던 구리 광석은 고갈이 진행되고 있었고 연금술사는 다른 금속을 찾아야 하는 압박을 느꼈다. 부족한 청동으로 화살과 창 등의 무기 공급이 어려워지자 재사용이 불가피하여 청동 유물이 많이 남아 있지 않다. 반면 철은 넓은 지역에 풍부하게 존재하여 공급에 문제가 없었지만 금속으로서 철을 얻는 데에는 수천 년의 오랜 시간이 필요했다.

철의 기원은 기원전 2000년경으로 추정되는데 철의 발견은 구리를 제련하는 과정에서 생긴 부산물로 시작되었다고 믿고 있다. 구리(Cu), 철(Fe), 유황(S) 등이 포함된 천연 광물인 황석석 stannite(Cu_2FeSnS_4)에서 구리를 추출하는 과정 중에 불필요한 잔여물이 많이 남았는데, 이 잔여물에는 여전히 구리가 함유되어 있어서 제련공들이 우연히 적철석hematite(Fe_2O_3)을 넣어서 그 잔여물로부터 더 많은 구리를 얻었다. 이때 사용했던 숯과 산소가 반응하여 이산화탄소와 일산화탄소가 나오는데 이것이 적철석과 환원 반응하여 산소가 제거되면서 금속인 철 입자를 얻게 된다.

58

비로소 구리보다 더 강한 철의 존재를 알게 되었지만 많은 양의 철을 얻는 제련 기술은 매우 어려워서 널리 사용되기 전까지 한때는 철이 금보다 더 귀중한 금속이었다. 철 추출이 어려웠던 이유는 철이 녹는 온도가 약 1530℃여서 그 당시 나무를 때우는 가마로는 1200℃ 정도밖에 도달하지 못했기 때문이다.

하지만 사용한 숯에서 제공된 탄소의 영향으로 철 제련이 가능하게 되었다. 예를 들어 탄소가 약 3.4% 들어가면 주철cast iron(탄소가 2.14~4.5% 함유된 철 합금, 무쇠라고도 한다)이라는 금속이 되는데, 녹는점을 1130℃ 부근으로 낮출 수 있어서 제련이 가능했다. 연철wrought iron은 탄소가 0.1% 미만으로 매우 부드럽고 유연했으나 높은 온도가 필요했다.

철의 시대가 되기 위해서는 무른 철의 강도를 획기적으로 증진시키는 것이 필요했고 그 당시 제련공들은 이유를 잘 몰랐지만 경험을 통해 습득한 기술로 비로소 철을 강하게 만드는 방법을 터득했다. 순수한 철은 고온에서 오스테나이트austenite라는 결정 구조를 갖는데 원자 간의 공간이 충분해서 그 사이로 더 작은 탄소 원자가 충분히 용해되어 들어가는 것이 가능하다. 제련공들은 숯불로는 철을 녹일 수 없었지만 철을 오랫동안 가열해서 숯을 통해 탄소가 들어가도록 했다. 물론 탄소의 역할을 알지 못했으므로 오히려 순수한 철을 만들고 있다고 생각했다. 철의 구조 내 탄소 함량은 강도에 비례하므로 경험적으로 강한 철을 얻기 위해서는 오랜 시간 가열해야 한다는 걸 알았을 것이다.

과학적으로 탄소의 역할은 지금부터 겨우 250여 년 전쯤 밝혀졌다. 또한 경험적으로 가열한 철을 물 속에 넣어서 급하게 식히는 것이 중요하다는 것을 알게 되는데, 이는 침투된 탄소가 안정하게 구조 속에 배열되는 것을 막아 주는 효과가 있다. 이른바 담금질을 통해 철에 마르텐사이트martensite라는 구조가 형성되는데 이는 연철보다 5배 이상의 강도를 갖는 강철steel이 되는 것이다. 하지만 여전히 마르텐사이트 구조의 철이 깨지거나 부서지기 쉽다는 것을 알고 다시 재가열하는 단계인 템퍼링tempering(철 합금의 인성toughness을 증진시키기 위해 가열하는 공정) 과정을 통해 비로소 원하는 강철을 얻게 되었다.

기원전 1000년대에 들어서면서 본격적으로 철의 시대가 도래하며 철이 널리 사용되면서 문명의 대대적인 변화가 이루어졌고, 그 후 석탄의 발견과 함께 산업화된 근대 세계로 발전하는 계기가 되었다.

유리의 우연한 발견

박물관이나 자료에서 고대 유적을 접하게 될 때 놀랍게도 투명하거나 불투명한 유리로 된 유물을 보게 된다. 그렇다면 인류는 유리를 언제 처음, 어떻게 발견했을까. 기원을 예측하기 위해서는 70~75% 실리카(SiO_2)가 주로 함유된 천연 광물 흑요석

obsidian의 존재에서 시작해야 한다. 흑요석은 땅속 깊은 곳에 녹아 있다가 지각 변동이나 화산 활동에 의해 용암 형태로 지구 표면에 올라와 급격히 냉각된 검은색의 반투명 암석이다.

유리의 형성을 위해서는 냉각 속도가 중요한데, 예컨대 빠른 냉각으로 고체가 될 때 준안정적인 구조가 형성되어야 한다. 마치 철의 급랭으로 불안정한 마르텐사이트 구조를 얻는 것과 비슷하다. 느리게 냉각되면 유리에서 벗어난 석영 같은 결정이 된다. 유리는 규칙적인 원자 배열의 결정질 구조가 아니라 원자 단위의 구성 원소들이 무질서하게 배열되어 있는 비결정의 소재이다. 무질서한 배열을 이루기 위해서는 용융 상태에서 급랭을 통해 원자들이 규칙적으로 배열할 수 있는 충분한 시간을 주어서는 안 된다. 다만 모든 화합물이 급랭한다고 유리가 되는 것이 아니기 때문에 매우 독특한 환경이 조성되어야 한다.

고대에 만들어진 유리는 반드시 흑요석과 같은 천연적으로 실리카가 많이 함유된 광석만이 가져다줄 수 있는 신기한 발견이었을 것이다. 유리는 점토와 달리 물이 스며들지 않고 변하지 않아서 깨지지만 않는다면 부식 없이 오랫동안 보존이 가능하여 고대 유물에서 많이 발견되었다. 하지만 안정적으로 유리를 만들어 내는 데에는 매우 오래 시간과 노력이 필요했다. 유리glass의 어원은 빛나고 투명하다는 의미의 라틴어 글라이숨glæsum에서 유래한다. 이미 신석기 시대인 기원전 7000년 전 튀르키예 지역 차탈회위크Çatalhöyük에서는 흑요석이 도구나 무기로 쓰였을 뿐 아니라 교역품의 하나였다. 이렇게 흑요석이 요긴하게 쓰이고 있었지만 순수 실리카의 경우 녹는 온도가 1713℃여서 우연히 탄산 소다(탄산 나트륨, Na_2CO_3)와 혼합되어 녹는점을 크게 낮추기 전까지는 인위적으로 유리를 만드는 것은 불가능했다.

이집트의 나일강 인근 서부 사막 지역에 탄산 나트륨(Na_2CO_3)이 풍부하게 존재했는데, 후에 석회와 산화 칼슘을 추가하여 유리를 안정화시키는 방법을 터득해 냈다. 기원전 4000년대에 유리는 주로 도기에 덧칠하는 유약의 형태로 쓰였고 기원전 3000년대에는 구슬 같은 장신구로 쓰였다. 기원전 1600년대 메소포타미아와 레반트Levant 지역에서 점토로 만들어진 용기 주위에 유리를 둘둘 말아서 사용했는데, 후에 이런 코어 형성 기법은 주위 지역으로 널리 전파되었다.

기원전 6, 7세기에 들어서 고온 가마가 만들어지면서 유리의 용융 기법이 획기적으로 개선되어 안정적인 제작이 가능했다. 그 후 500년 정도 지나 유리 불기법이 등장하면서 유리 덩어리에 긴 막대를 통해 입으로 바람을 불어 넣는 방식으로 다양한 유리 용기나 공예품 제작이 가능해졌다.

이제 유리는 더 이상 사치품이 아닌 일상 용품으로 자리매김하게 되었다. 유리의 주성분인 실리콘(Si)이 자연에서 두 번째로 풍부한 원소이기 때문이기도 하다. 유리는 원자 자리가 정해진 결정이 아닌 불규칙한 비정질 상태로 존재하므로 다양한 원소의 조합으로 만들어진다. 하지만 일단 만들어지면 정확한 성분 파악이 매우 어렵다(결정의 성분을 분석하는 방법이 더 일반적이다). 그러므로 과학적 근거 없이 천연 광물이나 흙을 단순히 조합하여 발전시킨 고대의 유리 기술은 가히 놀라운 일이 아닐 수 없다.

13세기 말에 접어들 때까지 주로 유리는 용기, 장신구, 다양한 색상의 유리창으로만 일상생활에 사용된다. 1200년대 들어서야 안경 렌즈로 사용되고 1500~1600년대에 망원경과 현미경이 발명되면서 과학용 소재로도 널리 쓰였다.

플라스틱의 출발

폴리머(중합체)를 고분자 중 하나로 소개했는데, 19세기에 들어와 화학 합성법의 눈부신 발전과 함께 합성 고무를 시작으로 여러 플라스틱(나일론, 에폭시, 비닐, 테플론 등 각종 합성 수지) 소재가 소개되면서 우리 생활을 변화시키는 큰 역할을 하게 된다. 폴리머는 '많다'라는 뜻의 'poly'와 '부분'이라는 의미의 'meros'에서 유래한다.

사실 폴리머는 자연계에 풍부하게 존재하는데 나무를 구성하는 소재이고, 누에고치에서 얻는 비단도 폴리머 섬유이다. 우리 인체의 피부, 근육, 신경, 뇌도 모두 폴리머로 기다란 분자 사슬 모양으로 이루어져 있다. 단백질, 효소, 섬유소, 녹말 등도 천연 고분자로서 동식물의 생물학적·생리학적 반응에 매우 중요하게 작용

3. 인류 역사를 이끈 물질

한다.

　15세기 말 콜럼버스Christopher Columbus가 아메리카 대륙에 이어 카리브해 섬들을 탐사할 때 아이티 원주민들이 통통 튀는 공을 가지고 놀고 있었다는 고무에 대한 최초의 기록이 있다. 하지만 천연고무의 존재를 알게 된 시점은 17세기 남아메리카의 고무 나무에서 추출한 우윳빛 액체인 라텍스latex가 공기 중에 오래 노출되면 딱딱한 성질을 가지는 탄성 물체가 된다는 점이 과학계에 알려지면서부터이다. 원주민들은 이 라텍스를 방수 신발이나 토기 물병을 만드는 데 사용했다. 이후 커다란 공 모양으로 만들어서 거래했는데, 그것이 유럽으로 건너와 고무의 활용에 대한 연구가 본격화되었다. 추후 연필 자국을 지울 수 있다는 점이 발견되어 지우개가 고무를 뜻하는 러버rubber로 불렸다. 초창기에는 고무 용액을 옷감 위에 적용하여 물의 침입을 막는 방수화에 주로 사용되었다.

　그 후 탄소와 수소로 이루어진 고무가 가교cross-link 결합에 의해 고유한 특성인 매우 높은 탄성elasticity을 나타내는 이유를 과학적으로 이해하게 되었다. 지속적인 연구를 통해 고분자 분자 사슬을 인위적으로 변형하여 더 다양한 고무 제품이 만들어지게 된다. 1839년 미국 발명가 굿이어Charles Goodyear가 황과 고무를 결합한 가황vulcanization법을 발견하여 늘어나기만 했던 고무의 특성을 개선하며 단단한 3차원 망 구조의 고무가 탄생한다. 소량의 황(S)을 첨가하여 고무가 변형 후 다시 복원되는 성질을 조절할 수 있다는 점을 터득한 것이다.

19세기 말 자동차 산업의 탄생으로 공기 주입식 타이어 수요가 폭발적으로 늘어나면서 고무 산업도 크게 성장했다. 굿이어 타이어 회사는 1860년 찰스 굿이어 사망 후 발명자의 이름을 따라 1898년 설립되었다. 합성된 인공 고무는 천연고무의 원료 공급이 충분하지 않아서 불가피하게 개발하게 되었는데, 제1차 세계 대전 직전 독일 화학자에 의해 천연고무를 가열 시 발생하는 이소프렌isoprene이라는 물질의 존재를 발견하면서 시작되었다. 제1차 세계 대전 이후 천연고무값이 수십 배 오르고 전쟁 시 고무가 부족해지리라고 예상한 독일은 이소프렌으로 이루어진 합성 고무 개발에 박차를 가했다. 한편 일본이 극동 지역에서 전 세계 천연고무 공급량의 90%를 점유하게 되자 미국도 합성 고무 연구와 생산에 매진하게 된다.

본격적인 합성 고무 생산 이전에 존재했던 첫 번째 폴리머는 합성 플라스틱synthetic plastic이었다. 19세기 당구가 유행하여 불가피하게 상아로 제작한 당구공 수요가 폭발적으로 늘었고 코끼리 사냥이 급격히 늘자 이를 대체할 목적으로 개발이 시작되었다. 1869년에 개발된 셀룰로오스cellulose라는 플라스틱 소재가 이를 대체할 목적으로 소개되었다. 플라스틱이라는 단어는 쉽게 모양을 바꿀 수 있다는 의미의 그리스어 'plasticos'에서 왔으며 앞에서 설명한 고무, 에폭시epoxy를 포함하여 합성수지를 통틀어서 일컫는 광범위한 고분자 소재를 포괄하는 단어로 쓰이고 있다.

플라스틱의 개발은 20세기 들어 혁명적인 파급 효과를 가져다주었는데 인류가 자연에서 얻어지는 나무, 금속, 흙 등의 자원에서부터 벗어나는 첫 번째 전환점이기도 했다. 주목할 다른 발명으로 앞서 간단히 소개되었던 캐러더스Wallace Carothers가 발명한 합성 실크 나일론(듀폰사 상품명)은 밧줄, 스타킹, 낙하산, 헬멧 라이너 등에 쓰이며 사회에 큰 변화를 가져오며 플라스틱의 황금 시대를 연다. 1970, 1980년대에 들어서 플라스틱 폐기에 따른 환경 문제가 대두되고 리사이클 연구가 현재까지도 활발히 진행되고 있으나 여전히 플라스틱 사용에 대한 주요 이슈로 남아 있다.

주변의 소재 이야기

4. 소재는 어떻게 존재하나

우연히 발견된 물질을 활용하면서 인류 문명이 발전했지만, 20세기 들어 급격하게 과학적으로 소재 형성의 비밀이 풀리기 시작한다. 주위의 물질이 무엇으로 구성되어 있고, 어떻게 형성되는지 고체의 기본적인 구조를 이해하는 것이 새로운 미래 소재로 향하는 시작점이기도 하다.

□
□
□
□
□

　신소재 분야는 수학, 물리, 화학 등 기초 학문을 근간으로 하여 발전한 융합 성격의 학문이라고 소개하였다. 이 장에서는 지난 100여 년 동안 현대 과학의 발전과 함께 과학자들의 노력으로 어떻게 재료를 궁극적으로 이해하게 되었는지 간략하게 소개하고자 한다.

　소재는 무엇으로 구성되어 있으며 어떻게 형성되는지 기본적인 고체의 구조에 대해 이해해 보자. 왜 특정한 소재에서만 전기가 잘 흐르는지, 왜 종이는 잘 찢어지는지, 반도체는 어떻게 만들어지는지, 왜 도자기는 불에 구우면 단단해지는지 등이 소재가 형성되는 과정의 이해를 통해 해답을 찾을 수 있는 질문들이다.

　모든 과학 현상을 설명하기 위해서는 특정한 용어terminology의 정의와 그것을 표시하기 위한 단위가 필요하다. 결국 과학자들은 새로운 현상을 설명할 특정한 용어를 먼저 생각하고, 이에 상응하는 단위와 숫자를 도출해 낸다. 예를 들어 온도라는 용어에

100이라는 숫자와 섭씨 도(℃)라는 단위를 붙이면 섭씨 100도가 되는데 우리는 이것이 물의 끓는 온도라는 것을 알고 있다. 또한 주어진 시간에 이동한 거리를 속도라고 부른다. 빛의 속도가 가장 빠른데 1초에 30만 km를 갈 수 있어서 3×10^9 m/sec(미터 퍼 세컨드)로 표시한다. 이렇게 물질의 현상이나 반응을 숫자로 표시하기 위해 과학자들이 창출해 낸 용어와 숫자가 주는 의미에 따라 소재 분야를 이해하게 되고 원리가 하나씩 일반화되었다.

이 책에서는 수식이나 전문적인 용어를 가급적 배제하고 상식적인 수준에서 이해하는 것을 목표로, 하지만 가능한 한 과학적 원리를 기반으로 소재에 접근하고자 한다. 우리 주위에 있는 모든 물체는 어떤 특정한 반응에 의해 생겨난 것이며 대부분 가장 안정적인 상태로 존재한다. 그것이 상업적 제품에 사용된다면 그 용도에 알맞은 최적의 소재(자연적으로 얻었거나 인위적으로 만들어진)가 선택되어 쓰이고 있는 것이다.

지금부터 고체 소재를 과학적으로 어떻게 정의하고 있는지 이해해 보자. 소재 공학 분야를 학문적으로 접하게 될 때 가장 먼저 학습하게 되는 부분이기도 하다. 실제로는 깊은 과학적 지식이 필요하지만, 이 장에서는 최소한의 전문 용어만을 사용하여 이해를 돕고자 한다.

최소 단위의 세계, 원자

일단 소재의 구성을 이해하기 위해서는 원자atom에서 시작해야 한다. 원자는 이른바 화학적 주기율표periodic table에 나와 있는 원소element를 말하는데 이미 우리가 알고 있는 원소도 상당하다. 예를 들어 O는 산소oxygen, H는 수소hydrogen, C는 탄소carbon로 알고 있는 것처럼 말이다.

주위의 모든 소재, 특히 물질은 특정한 규칙을 가지고 저마다의 위치를 차지하고 있는 수많은 원소로 이루어져 있다. 예를 들어 모래의 주성분인 실리카(SiO_2)가 실리콘(Si) 원자 1개와 산소 원자 2개로 구성되어 있음을 소개한 바 있다. 다른 물질도 이러한 다양한 원자 간의 비율이 정해지면서 특정한 조성composition이 만들어진다. 이와 같이 원소들이 일정한 비율을 가지는 이유는 가장 안정적인 상태에서 재료가 형성되기 때문이다. 반면 알루미늄 금속처럼 Al으로만, 다이아몬드처럼 C로만 구성되어 단일 조성을 이루는 경우도 존재한다.

모두 118개의 원소가 존재하지만 지구상에 존재하는 것으로는 94개의 원소가 있다. 지구상에 존재하지 않은 원소들은 인위적인 조건을 형성해 찾아낸 것이다. 결국 94가지의 원소가 서로 조합을 이루면서 우리가 눈으로 보는 물체가 만들어진다.

주기율표

표기법

원자 번호

기호

원소명

IA	IIA	IIIB	IVB	VB	VIB	VIIB	VIII	VIII
1 **H** 수소								
3 **Li** 리튬	4 **Be** 베릴륨							
11 **Na** 소듐	12 **Mg** 마그네슘							
19 **K** 포타슘	20 **Ca** 칼슘	21 **Sc** 스칸듐	22 **Ti** 타이타늄	23 **V** 바나듐	24 **Cr** 크로뮴	25 **Mn** 망가니즈	26 **Fe** 철	27 **Co** 코발트
37 **Rb** 루비듐	38 **Sr** 스트론튬	39 **Y** 이트륨	40 **Zr** 지르코늄	41 **Nb** 나이오븀	42 **Mo** 몰리브데넘	43 **Tc** 테크네튬	44 **Ru** 루테늄	45 **Rh** 로듐
55 **Cs** 세슘	56 **Ba** 바륨	57~71 희토류 계열	72 **Hf** 하프늄	73 **Ta** 탄탈럼	74 **W** 텅스텐	75 **Re** 레늄	76 **Os** 오스뮴	77 **Ir** 이리듐
87 **Fr** 프랑슘	88 **Ra** 라듐	89~103 악티니드 계열	104 **Rf** 러더포듐	105 **Db** 두브늄	106 **Sg** 시보귬	107 **Bh** 보륨	108 **Hs** 하슘	109 **Mt** 마이트너륨

희토류 계열	57 **La** 란타넘	58 **Ce** 세륨	59 **Pr** 프라세오디뮴	60 **Nd** 네오디뮴	61 **Pm** 프로메튬	62 **Sm** 사마륨	63 **Eu** 유로퓸
악티니드 계열	89 **Ac** 악티늄	90 **Th** 토륨	91 **Pa** 프로트악티늄	92 **U** 우라늄	93 **Np** 넵투늄	94 **Pu** 플루토늄	95 **Am** 아메리슘

● 금속, 비금속, 반금속으로 분류된 원소의 주기율표

| 금속 | 비금속 | 반금속 |

				IIIA	IVA	VA	VIA	VIIA	0
									2 **He** 헬륨
				5 **B** 붕소	6 **C** 탄소	7 **N** 질소	8 **O** 산소	9 **F** 플루오린	10 **Ne** 네온
VIII	IB	IIB		13 **Al** 알루미늄	14 **Si** 규소	15 **P** 인	16 **S** 황	17 **Cl** 염소	18 **Ar** 아르곤
28 **Ni** 니켈	29 **Cu** 구리	30 **Zn** 아연	31 **Ga** 갈륨	32 **Ge** 저마늄	33 **As** 비소	34 **Se** 셀레늄	35 **Br** 브로민	36 **Kr** 크립톤
46 **Pd** 팔라듐	47 **Ag** 은	48 **Cd** 카드뮴	49 **In** 인듐	50 **Sn** 주석	51 **Sb** 안티모니	52 **Te** 텔루륨	53 **I** 아이오딘	54 **Xe** 제논
78 **Pt** 백금	79 **Au** 금	80 **Hg** 수은	81 **Tl** 탈륨	82 **Pb** 납	83 **Bi** 비스무트	84 **Po** 폴로늄	85 **At** 아스타틴	86 **Rn** 라돈
110 **Ds** 다름슈타튬	111 **Rg** 뢴트게늄	112 **Cn** 코페르니슘	113 **Nh** 니호늄	114 **Fl** 플레로븀	115 **Mc** 모스코븀	116 **Lv** 리버모륨	117 **Ts** 테네신	118 **Og** 오가네손

64 **Gd** 가돌리늄	65 **Tb** 터븀	66 **Dy** 디스프로슘	67 **Ho** 홀뮴	68 **Er** 어븀	69 **Tm** 툴륨	70 **Yb** 이터븀	71 **Lu** 루테튬
96 **Cm** 퀴륨	97 **Bk** 버클륨	98 **Cf** 캘리포늄	99 **Es** 아인슈타이늄	100 **Fm** 페르뮴	101 **Md** 멘델레븀	102 **No** 노벨륨	103 **Lr** 로렌슘

존재하는 모든 원소를 하나의 표로 열거한 것이 주기율표인데 각기 화학 기호로 이루어진 원소를 명명하고 연계성을 지닌 분류 체계를 만든 건 불과 150여 년 전 일이다. 새로운 인위적인 원소들이 발견되면 주기율표에 추가된다.

　　주기율표상의 모든 원소는 7개의 횡렬row에 배치되어 존재하는데 같은 종렬column이냐에 따라 유사한 화학적 · 물리적 특성을 갖는다. 금속성의 원소가 주를 이루지만 0족에 속하는 불활성 기체(He, Ne, Ar, Kr 등), VIIA족의 할로겐 원소(F, Cl, Br, I 등) 같은 비금속의 원소, 그리고 금속과 비금속의 중간 성질을 가지고 있는 원소들이 존재한다.

　　자연상에 존재하는 발견된 물질 중 가장 높은 원자 번호를 가진 것은 플루토늄(Pu, 원자 번호 94)이며 그 밖에 가장 마지막 원자 번호 118의 오가네손(Og)까지 주로 특정한 조건에서의 반응을 통해 인위적으로 만들어진 원소이다. 예를 들어 원자 폭탄 제조에 필요한 플루토늄은 천연 우라늄 광석에서 미량 발견되기 전까지 인공으로 만들어진 원소로만 알려져 있었는데, 실제로는 주로 우라늄 농축 원료를 분열fission(원자핵이 중성자와 충돌해 핵분열 생성물로 쪼개지는 반응)시키거나 중성자neutron를 조사irradiation하여 얻어졌다.

　　따라서 현재 주위에서 사용되는 모든 소재의 구성 물질은 천연에 존재하는 겨우 94개의 다른 원소들의 조합으로 이루어져 있다. 이와 같이 우리가 접하는 물질은 상온에서 존재할 수 있는 안정화된 소재로 구성되어 있지만 한편 그 물질의 기원은 오랫동안 지구상의 특정 환경에서의 반응 결과로써 혹은 극한 환경에서 반응이나 수차례의 지각 변동을 통해 외부로 노출된 것일 수도 있다. 지구 안쪽으로 깊이 들어갈수록 온도와 압력이 높아지므로 그 환경에서만 특정 물질의 탄생이 가능할 수 있었을 테니 말이다. 지각 변동을 통해 노출된 다이아몬드를 그 예로 들 수 있다.

94개의 원소로 자연상에 존재하는 모든 물질이 구성되어 있다고 했지만, 흥미로운 사실은 각 원소의 구성만 보면 단순히 핵nucleus(핵은 양성자proton와 중성자로 이루어져 있다)과 전자electron로만 구성되어 있다. 원자 번호는 전자의 수를 의미하는 것이어서

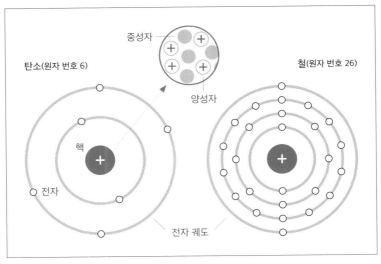

● 핵과 전자로 이루어진 탄소(원자 번호 6)와 철(원자 번호 26)의 원자 구조

4. 소재는 어떻게 존재하나

(실제 원자 번호는 핵 안의 양성자 수로 정해진다) 전자의 수가 많아지면 원자 번호가 커지고 주기율표 아래쪽에 자리하게 된다. 즉, 수소(H)는 원자 번호가 1이므로 각 원자 안에 전자가 1개, 원자 번호가 6인 탄소(C)의 경우 6개의 전자가 존재한다.

1913년 보어Niels Bohr는 전자의 움직임과 상태를 이해하기 위해 핵 주위에 전자들이 궤도orbit를 형성해서 돌고 있다는 원자 구조 가설을 주장했다. 이 보어 모델은 전자가 가질 수 있는 에너지와 전자들의 위치를 설명하는 근거가 되었다. 각 궤도에 전자가 위치할 수 있는 수가 고정되어 있으므로 전자의 수가 많아지면 그 궤도의 수도 증가한다. 수소(원자 번호가 1이므로 전자는 1개 존재)의 궤도가 하나인 반면 탄소(전자가 6개)의 궤도는 모두 2개가 된다(정해지는 궤도의 수도 일정한 규칙이 있다). 원자 번호 26의 철(Fe)은 궤도가 4개가 된다.

흥미로운 사실은 핵은 양전하를 띠고 있고 전자는 음전하를 띠고 있어서 서로 힘의 균형을 이루고 있다는 점이다. 하나의 입자particle로서 전자가 궤도를 형성해서 핵 주위를 무서운 속도로 돌고 있는데 전자의 수가 증가함에 따라 이 궤도의 수와 반경은 점점 증가하게 된다. 결국 전자의 수가 늘어남에 따라 핵으로부터 멀어지게 되고 힘의 균형을 이루는 에너지 준위energy level도 이에 따라 바뀌게 된다(각 궤도는 곧 전자가 위치하는 에너지에 의해 결정되는데 바깥으로 궤도가 많아지면서 그 전자 에너지는 증가하게 된다).

과학자들은 각 궤도에 전자가 몇 개나 분포할 수 있으며 궤도가 커짐에 따라(실제로는 궤도의 수가 바깥쪽으로 증가함에 따라) 전자가 존재할 에너지 준위를 계산하였고 이를 간단한 수식과 숫자로 표시했다. 20세기 초 아인슈타인Albert Einstein을 포함한 많은 현대 물리학자가 이러한 원소에서 전자들이 어떤 규칙을 가지고 존재하는지 이해하는 데에 결정적 기여했다. 이로써 양자 역학quantum mechanics의 토대가 마련되었다.

전자의 위치나 상태를 이해하는 것이 중요한 이유는 앞으로 설명할 소재의 모든 성질이 이러한 전자들의 움직임과 전자가 차지하고 있는 에너지 준위에 따라 결정되기 때문이다. 전자는 핵보다 약 1800배 가벼워서 전기장, 자기장, 힘 같은 외부 자극에 의해 더 먼저 쉽게 반응한다. 따라서 전자가 특정한 조건에서 외부 자극에 의해 반응하는 현상을 이해하는 것이 재료 학문 분야의 주된 내용이기도 하다.

예를 들어 금속 선을 통해 전기가 흐른다는 것은 전자가 이동한다는 것과 같은 의미이고 전류는 흐르는 전자의 개수를 의미한다. 전자의 이동을 통해 모든 전자 제품이 작동한다고 이해하면 된다. 결국 원소 내의 전자를 어떤 조건에서 움직이게 하느냐가 관건인 것이다. 전자의 위치를 바꾸려면 핵과 결속되어 있는 에너지 준위 이상의 외부 에너지가 필요하다. 궤도 간의 위치를 바꾸는 게 가능한데, 충분한 에너지가 공급되어서 첫 번째 궤도에서 두 번째 궤도로 전자가 이동한다면 이를 여기excitation되었다고 한다.

4. 소재는 어떻게 존재하나

원자 간 결합, 소재의 시작

핵과 전자로만 이루어진 원자들이 서로 가깝게 만나서 결합하면 비로소 분자를 형성한다. 분자가 곧 우리가 주위에서 보는 소재의 기본 구조다. 가장 기초적인 분자 형성의 설명은 2개의 원자가 멀리 떨어져 있다가 서로 가까워지면서 생기는 힘의 변화에서 시작된다. 2개의 독립된 원자의 거리가 무한히 먼 거리로부터 가까워짐에 따라 원자 간 상호 작용에 의해 인력과 척력이 상호 작용 하게 되고 특정한 거리에 이르렀을 때 결합이 이루어진다. 서로 끌어당기는 인력과 서로 밀어내는 척력의 합으로 이루어진 결합 힘이 제로가 되는 시점에서 원자 간 거리는 평형을 이루게 되고 이때 최소화된 결합 에너지bonding energy와 함께 결합이 일어난다.

원자 간 평형 거리와 결합 에너지는 소재마다 다르다. 이 결합 에너지가 실제 재료가 얼마나 강한지 가늠하는 척도가 되는데, 세라믹, 금속, 폴리머순으로 결합 에너지가 낮다. 결합 에너지가 낮다는 것은 원자 사이의 분리가 쉽게 가능하다는 의미이기도 해서 폴리머인 종이가 찢어지면서 원자 간 결합이 깨지는 것과 유사하다. 원자 간 결합이 훨씬 강한 도자기의 경우 깨뜨리는 데 더 큰 힘이 필요하다.

고체 재료에서는 많은 원자 사이의 결합 유형에 따라 다양한 형태의 물질이 탄생한다. 크게 4가지 유형의 결합만이 존재하

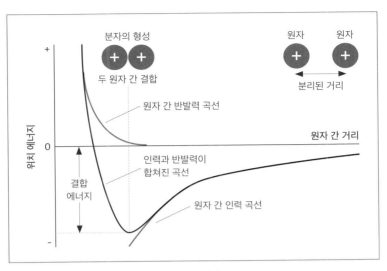

●최소 에너지에서 두 원자 간 결합으로 인한 분자 형성

는데, 이를 공유, 이온, 금속, 반데르발스 결합이라 부른다. 이 4개의 결합에서 전자가 어떻게 작용하는지에 초점을 두어 이해해 보자. 대략적으로 공유, 이온 결합은 세라믹 같은 부도체나 반도체에서, 금속 결합은 금속에서, 반데르발스 결합은 폴리머 소재에서 나타난다.

먼저 공유 결합covalent bond은 결합한 원자 간의 전자를 공유하면서 일어난다. 모든 전자를 공유하는 것이 아니라 앞에서 설명한 전자가 존재하는 다수의 궤도 중 핵에서 가장 먼 궤도에 있는 전자만을 공유하는데, 이렇게 전자를 공유함으로써 더 안정적인 구조가 형성된다. 기체에서도 공유 결합이 나타나는데 수소 기체(H_2)의 경우 2개의 수소 원자가 각각 전자 하나씩 공유함으로써 결합이 일어나고 매우 안정적인 상태가 된다. 고체에서도 다이아몬드(C), 규소(Si), 게르마늄(Ge), 탄화 규소(SiC) 같은 수많은 재료가 있다. 공유 결합을 이루면 비교적 매우 단단하고 원자 간 강한 결합력으로 높은 녹는점을 가지게 된다(녹는다는 것도 열에 의해 결합이 끊어지는 것을 의미한다).

이온 결합ionic bond은 양이온과 음이온 같은 이온 사이의 결합으로 이온 간의 거리가 가까울수록 양이온과 음이온 사이에 서로 끌어당기는 인력이 작용해서 강한 결합을 형성한다. 대표적으

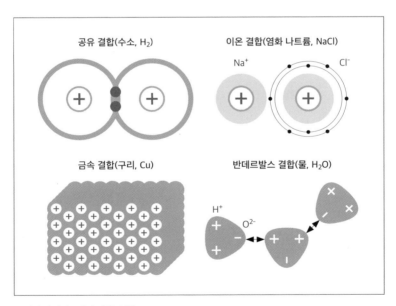

● 원자 사이의 4가지 결합 유형

로 소금(염화 나트륨, NaCl)의 경우 나트륨 양이온(Na^{+1})과 염소 음이온(Cl^{-1}) 사이에 결합이 이루어지는데, 이온이 되기 위해 Na는 전자 1개를 Cl에 주게 되고 각각 양이온과 음이온이 된다. 대부분 세라믹 소재에서 일어나는데, 예를 들어 철 산화물(FeO), 구리 산화물(CuO) 같은 산화물에서 산소가 음이온(O^{-2})이므로 다양한 양이온을 당겨서 결합이 이루어진다.

금속 결합metallic bond은 금속이나 합금에서 발견되는 결합으로 전자가 특정한 원자 주변에 구속되지 않고 일종의 전자 구름을 형성하여 원자 사이를 자유롭게 돌아다닌다. 이 전자들을 자유 전자free electron라고 하는데, 자유 전자가 존재함으로써 금속에서는 전기 전도도와 열전도도thermal conductivity가 매우 좋다. 왜냐하면 전기가 흐르고 열이 전도된다는 것은 전자가 움직여서 일어나기 때문이다. 이 자유 전자들은 음전하로서 자유 전자를 빼앗긴 양전하 이온과 정전기적electrostatic 인력(2개의 전하 사이에 작용하는 힘)을 유지하지만 방향성을 갖지 않는 금속 결합을 이루게 된다.

끝으로 반데르발스 결합van der Waals bond은 2차 결합이라고도 하는데, 주로 이온 혹은 공유 결합 등 1차 결합과 함께 원자 그룹 사이의 결합으로 일어난다. 이러한 2차 결합은 원자나 분자의 쌍극자electric dipole(양전하와 음전하가 분리되어 2개의 극이 나타나는 상태) 사이에서 일어난다. 쌍극자는 음극과 양극이 함께 존재하는 상태로 물(H_2O) 분자의 경우처럼 수소와 산소 간의 비대칭 결합

4. 소재는 어떻게 존재하나

으로 음전하와 양전하 부분으로 나뉘는 경우다. 이때 가까이 닿아 있는 물 분자와 결합할 때 양전하와 인접한 다른 분자의 음전하 간의 인력을 통해 약하게 당기면서 결합이 일어난다. 이 결합은 결합력이 상대적으로 매우 약해서 쉽게 깨지기 쉽다. 큰 물방울을 손가락으로 쉽게 가를 수 있는 것과 같다. 물의 결합 에너지는 소금보다 약 13배가 낮다. 이 약한 결합은 극성 분자polar molecule(양전하와 음전하가 분리된 분자)를 가진 폴리머에서 대부분 일어난다. 종이를 어렵지 않게 찢고 고무를 쉽게 늘리거나 찰흙을 크게 힘들이지 않고 빚을 수 있는 이유도 이 결합에 근거하기 때문이다.

간단히 설명한 4가지 결합의 이해는 새로운 소재의 구조를 합성하거나 만들기 위해서도 반드시 필요한 출발점이다. 예를 들어 공유 결합인 인공 다이아몬드를 만들기 위해서는 매우 높은 온도와 압력이 필요하다. 결합력이 강하기 때문에 이러한 형성 조건을 만들어 줘야 하기 때문이다. 실리콘(Si) 같은 반도체에서는 특정한 외부 원자를 억지로 집어넣어야 하는 경우가 있는데 이때에도 기존의 원자 간 결합 에너지를 깰 수 있는 공정 조건을 찾아야 한다. 대부분 약한 결합을 갖는 폴리머의 경우 100℃ 이하에서 타거나 쉽게 변형이 일어난다.

원자의 규칙적 배열, 결정

지금까지 원자 간 반응을 통해 특정한 거리에서 안정적인 결합이 이루어지는 4가지의 다른 유형을 살펴보았다. 이러한 원자 간 결합을 바탕으로 해서 대부분의 세라믹, 금속 물질 등은 수많은 원자가 특정한 규칙적인 배열을 이루고 무수히 반복되는 패턴이 만들어지면서 형성된다. 이른바 결정 구조crystal structure가 형성되는 것이다. 그럼 어떤 규칙을 가지고 특정한 자리를 원자들이 차지하는 것일까.

결정은 원자와 격자lattice(원자가 위치할 수 있는 규칙적인 빈자리)로 구성되어 있다. 격자는 긴 범위long range의 반복되는 규칙적인 빈자리를 의미하며, 이 빈자리를 원자들이 채우며 결정 구조가 만들어진다. 결정 구조가 만들어지는 과정을 이해하려면 먼저 기본적으로 격자들의 패턴은 어떻게 형성되는지 알아야 한다.

원자가 격자 내에 차지하는 최소한의 반복되는 단위를 단위정unit cell이라 부르고, 마치 하나의 블록처럼 이 단위정이 무수히 반복되어 대칭성을 이루며 결정을 형성한다. 실제 결정 구조에 대한 예를 들어 보면 나트륨(Na)과 염소(Cl)로 이루어진 소금(NaCl)의 경우 Na가 입방체의 각 모서리와 면 중심에 위치하고 그 사이에 Cl 원자가 존재하면서 결정이 형성된다. 이와 같이 단위정이 무수히 반복되어 우리가 눈으로 보는 소금이 형성되는 것이다.

결정을 형성함으로써 원자들이 규칙적인 배열을 하게 되

4. 소재는 어떻게 존재하나

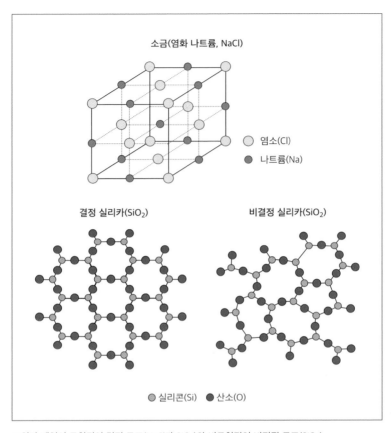

소금(염화 나트륨, NaCl)

○ 염소(Cl)
● 나트륨(Na)

결정 실리카(SiO$_2$)   비결정 실리카(SiO$_2$)

● 실리콘(Si)   ● 산소(O)

● 원자 배열이 규칙적인 결정 구조(NaCl과 SiO$_2$)와 비규칙적인 비정질 구조(SiO$_2$)

고 비로소 소재의 특성이 결정된다. 결정을 형성하는 소재는 무수히 많지만 다행히도 모든 소재는 32개의 결정 유형(32개의 공간군space group으로 불린다)만으로 분류가 가능하다. 어떤 소재가 새롭게 만들어져도 32개의 결정 구조 중 하나가 되는 것이다. 예를 들어 앞서 소개한 소금(NaCl)과 동일한 구조를 갖는 소재로는 마그네시아(MgO), 염화 칼륨(KCl), 석회(CaO) 같은 화합물이 있고, 구리(Cu) 같은 구조를 갖는 소재는 금(Au), 은(Ag), 백금(Pt), 니켈(Ni), 알루미늄(Al) 등이 있다. 결국 구리와 금, 백금은 같은 방식으로 원자들이 배열된 구조를 가지고 있는 것이다.

그럼 원자들은 고체에서 반드시 규칙적인 배열을 하고 있는 것일까. 사실 그렇지 않다. 실제 일부 고체는 결정을 형성하지 않은 상태로 존재하기도 한다. 이를 비정질noncrystalline 결정이라고 하는데 실리카(SiO₂)의 경우 결정을 이룰 때는 같은 패턴이 반복되는 결정 구조를 갖지만, 비정질을 이룰 때는 그 규칙성이 결여되어서 원자의 위치를 예측하는 게 불가능하다.

실리카로 구성된 유리의 경우가 이에 해당하는데 유리는 급속 냉각을 통해 만들어지면서 원자들이 규칙적으로 배열할 시간을 주지 않기 때문이다. 유리는 마치 액체 같은 비정질 상태이다(예외가 존재하지만). 이처럼 우리가 접하는 대부분의 세라믹, 금속 등은 32개의 그룹 중 하나의 결정 구조를 가지고 있다.

고체에서의 물질 이동

원자들이 정해진 격자 자리에 들어가면서 규칙적인 배열을 이루게 되면 결정이 된다고 하였는데, 이 결정은 다양한 형태

4. 소재는 어떻게 존재하나

로 존재한다. 만약 분말(입자들의 집합체)로서 존재한다면 가열 시수많은 입자 간에 결합을 이루면서 우리가 보는 어떤 형상을 갖는물체가 된다(각 입자는 결정이다). 가령 흙으로 빚은 도자기를 불에 구워서 단단해지는 과정을 가정해 보자. 흙 알갱이가 곧 입자가 되는데 도자기가 단단해지는 과정도 물질 내 원자들이 이동하면서 생기는 현상이다. 이때 가마 속의 높은 온도는 원자가 움직일 수 있도록 열에너지를 공급하는 역할을 한다. 이와 같이 원자의 움직임은 다양한 다른 화학 반응에서도 일어난다. 원자들의 이동이 수반되는 과정을 학문적으로는 이른바 물질 이동mass transfer이라는 개념으로 설명한다.

고체에서의 물질 이동은 2개 이상의 성분으로 이루어진 소재에서 상대적인 농도의 차이에 의해 발생하는데, 궁극적으로 농도 차이를 최소화하는 방향으로 반응이 진행된다. 마치 설탕이 커피에 녹아 들어가면서 골고루 섞이는 과정, 물이 증발하여 대기 중의 수증기가 되는 경우, 방향제의 향기가 시간이 지남에 따라 주위에 퍼지는 것과 같다. 이와 같이 농도의 차이에 따라 일어나는 현상을 확산diffusion이라고 부르는데, 화합물이나 합금을 이룰 때 첨가된 소수의 원자가 결정 구조 안으로 들어가는 과정도 이에 해당한다.

결정이 형성된 후 특정한 크기로 더 성장crystal growth시키려 하거나 고체나 액체 사이의 화학 반응에 의해 완전히 새로운 소재를 합성synthesis(원하는 상을 형성하는 과정)하는 과정도 대부

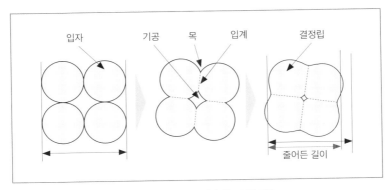

입자　　　기공　목　입계　　　결정립

줄어든 길이

● 확산에 의한 원자 이동으로 입자가 결정립으로 성장하는 소결 과정

분 확산을 통한 물질 이동의 원리로 이해할 수 있다. 화학 반응 시 주로 원료의 농도나 온도, 압력 등을 조절하는데 최적의 물질 이동을 위한 이상적인 조건을 제공해야 하기 때문이다.

　　앞에서 언급한 흙 입자의 경우처럼 온도를 가해서 물질이 단단해지는 과정을 소결sintering이라고 부르는데 열처리 시 물질의 반응은 재료 분야에서 중요하게 다루는 주제이다. 4개의 입자가 붙어 있는 경우 처음에는 입자 간 접촉만 하고 있다가 열에너지가 공급되면 입자 사이의 목neck으로 원자들이 확산하여 이동한다. 계속 에너지가 공급되면 목이 점점 두꺼워지면서 결국 입자 사이의 경계가 사라지게 되는데 이때 결합한 입자들이 결정립grain이 된다.

　　원자의 이동과 함께 입자 사이의 기공pore도 줄어들어서 전체적으로 길이가 줄어드는데 도자기를 구우면 보통 20% 이상 작

4. 소재는 어떻게 존재하나

아지는 이유이다. 물질의 이동이 도자기 전체에 균일하게 일어나지 않으면 소결이 일어나는 동안 균열이 발생하거나 깨지는 원인이 된다.

전자가 위치하는 곳, 에너지 밴드

앞서 2개의 원자가 만나서 결합 에너지가 최소가 되는 평형 거리에서 원자 간 결합이 일어난다고 설명했는데, 이 개념을 확대하면 에너지 밴드energy band 형성에 대해 직관적으로 이해할 수 있다. 에너지 밴드는 전자가 위치할 수 있는 하나의 궤도 내에서 전자가 가질 수 있는 에너지의 범주를 말한다. 즉, 하나의 궤도가 하나의 밴드를 형성한다고 이해하면 된다(실제로는 부각subshell의 존재, 전자가 채워지는 방식 등에 따라 복잡하다). 각 전자는 이 밴드 내에서 세분화된 에너지 준위 중 하나의 에너지값을 가지게 된다. 두 번째 궤도, 세 번째 궤도로 전자의 위치가 변하면 가질 수 있는 전자 에너지도 올라가게 된다.

만약 어떤 물질에서 두 번째, 세 번째 궤도가 전자가 위치할 수 있는 최종 에너지에 해당한다면(전자의 수에 따라 궤도의 수는 증가한다) 두 번째와 세 번째 궤도에 해당하는 각 밴드의 차이에 의해 에너지 밴드 갭energy bandgap을 형성한다. 이때 두 번째 궤도의 낮은 에너지 밴드를 가전자대valance band, 세 번째 궤도의 높은

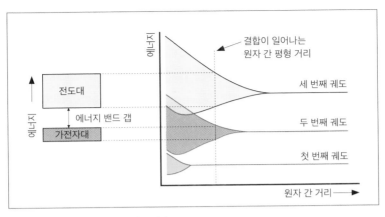

에너지

결합이 일어나는
원자 간 평형 거리

세 번째 궤도

전도대

에너지

에너지 밴드 갭

가전자대

두 번째 궤도

첫 번째 궤도

원자 간 거리 ➞

● 에너지 밴드와 밴드 갭이 형성되는 과정

에너지 밴드를 전도대conduction band라고 부른다. 다시 말하면 전자는 위치할 수 있는 에너지 준위에 따라 에너지 밴드를 형성하게되고 가전자대의 최대 에너지와 전도대의 최소 에너지 차이에 의해 밴드 갭이 된다.

이러한 에너지 밴드 개념은 전도체, 반도체, 부도체(절연체)로 분류하는 매우 중요한 기준이 된다. 재료는 크게 3가지 유형의 에너지 밴드로 구성되는 것이 가능하다. 인접한 2개의 에너지 밴드, 즉 가전자대와 전도대가 서로 어떻게 위치하느냐에 따라 구별된다. 먼저 마그네슘(Mg) 같은 금속의 경우 아래에 있는 채워진 밴드가 위에 있는 빈 밴드로 올라가서 존재하는 경우로 두 밴드 간 에너지 갭이 존재하지 않는다. 이때 빈 밴드 내에 전자가 존재하여 자유롭게 전자의 이동이 가능하여 전기 전도도가 잘 일어나

4. 소재는 어떻게 존재하나

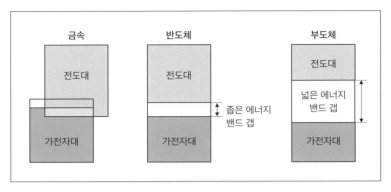

● 에너지 밴드 구조에 따른 소재의 분류

는 경우이다. 물론 모든 금속이 이런 밴드 구조만을 갖는 것은 아니다.

반도체와 부도체의 경우는 에너지 밴드 갭이 존재하는데 이 갭이 좁으면 반도체, 넓으면 부도체라 한다. 관점에 따라 부도체를 넓은 밴드 갭의 반도체라 부르기도 한다. 반도체, 부도체에서 전기가 흐르게 하려면 가전자대에 있는 전자를 전도대로 올려보내면 된다(이 밴드에서 전자의 전도가 일어난다고 해서 전도대라고 부른다). 전도대로 전자를 이동시키는 것을 여기excitation라고 하는데 전기장, 빛, 온도에 따라 여기가 가능하다. 밴드 갭이 넓으면 전자를 여기시키는 데 더 많은 에너지가 필요하다.

전자의 위치와 관련하여 에너지 밴드 형성에 대한 개념이 중요한 이유는 전자 제품의 회로 부품을 구성하는 모든 소재가 전기가 흐르는(혹은 전자가 이동하는) 정도에 따라 기능이 정해지기 때문이다. 금속의 경우 앞서 설명한 금속 결합과 연관 지어 설명해 보면 무수히 많은 전자가 자유롭게 돌아다니지만 실제 이동 거리는 전자 간 서로 상쇄되어 전기 흐름이 발생하지 않는다. 외부에서 전기(장)를 가하는 경우에만 방향성을 갖고 한쪽 방향으로 전자의 움직임을 유도할 수 있는데 이때 전기가 흐른다고 한다(전자가 이동한다는 건 운동 에너지를 가지므로 일정한 속도가 생긴다).

반도체의 경우는 밴드 갭의 존재로 금속에 비해 더 큰 외부 전기장이 가해져야 비로소 전기가 흐르게 된다. 금속과 같이 반도체에서도 전기가 잘 흐르게 하려면 전도대로 더 많은 전자를 여기시켜야 한다.

5. 반전의 과학, 개선된 소재들

완벽한 소재는 존재하지 않는다. 그러므로 원래 가지고 있던 불안정한 구조나 시간이 지나면서 생기는 결함이 소재의 특성을 떨어뜨린다. 하지만 학문적으로 결함이 항상 나쁜 것은 아니다. 의도적으로 결함을 이용해서 소재가 가진 특성의 개선을 가져오기도 한다. 결함을 이해하고 이용해서 과학자와 개발자들이 어떤 노력을 하고 있는지 살펴보자.

□
□
□
□
□

　우리가 사용하는 상품에 쓰이는 소재가 값싸고 원하는 특성을 오랫동안 유지한다면 좋은 소재라고 평가받을 수 있다. 일상 경험을 통해 좋은 소재가 무엇인지 알고 있는 경우가 많다. 예를 들어 김치를 냉장고에 보관할 때 플라스틱 용기는 저렴하나 냄새가 금방 스며들어서 좀 비싸더라도 유리 용기를 선호할 것이다. 유리는 잘 깨지거나 무거워서 사용을 꺼리기도 하는데 기술적으로 깨지지 않거나 가볍게 제작이 가능하다. 하지만 훨씬 좋은 유리 소재가 만들어지기까지 당연히 비용은 올라간다. 일반적인 특성을 뛰어넘으려면 선택되는 원료와 제조하는 조건 등이 복잡해지고 어려워지는 것은 피할 수 없다.

　시간이 지남에 따라 소재의 특성은 저하되기 마련이다. 직물도 사용할수록 닳게 되고 빨래를 반복적으로 하면 옷감이 변한다는 사실을 알고 있다. 전자 제품의 수명도 소재의 수명과 깊이 연관되어 있다. 핸드폰 배터리를 긴 시간 반복적으로 충전하면 쉽

93

게 배터리 수명이 저하된다. 전기 자동차가 수년 후에도 같은 배터리 성능을 유지할 수 있는지, 추후에 배터리 전부를 교체할 시 얼마의 비용이 드는지 논란이 되는 것도 그런 이유 때문이다. 다른 예는 디스플레이에서도 볼 수 있다. TV나 노트북 화면도 소재에 매우 민감한 제품이어서 소재의 한계로 인한 수명이 정해져 있다. 대부분 시간이 지남에 따라 소재의 특성은 변하게 되고 결국 원하지 않게 나쁜 소재로 바뀐다.

과학자들은 이렇게 소재의 성능이 시간이나 온도, 압력 등 특정한 조건에서 저하되는 원인을 이해하고 개선점을 찾으려고 노력하고 있다. 같은 소재라도 조건에 따라 특성에 대한 한계치가 다르게 나타난다. 예를 들어 추운 지역, 더운 지역에서 사용하느냐에 따라 온도 변화에 민감한 소재의 특성은 달라진다. 다행히 소재를 개발할 시점부터 온도에 민감할 수 있는 소재를 미리 파악하여 한계를 이해하고 개선하고자 한다. 특히 전자 제품에서 열의 발생은 피해야 할 대상이다. 금속은 온도가 올라가면 전기 전도도가 낮아져 전자 제품의 반응이 느려지는 걸 알 수 있다.

소재가 뜨거워지는 이유는 전기를 가했을 때 흐르지 않고 남아 있는 전기가 열로 바뀌기 때문이다(줄 히팅Joule heating 현상이라고 한다). 이 열이 작은 영역에 누적되면 회로 연결을 갑자기 끊어서 전자 제품이 망가지기도 한다. 많은 열이 발생하는 자동차의 LED 헤드램프도 열을 바깥으로 방출하기 위해 구리를 이용한다(히트 싱크heat sink라고 한다). 데스크톱이나 대형 화면 노트북에서 냉각 팬을 사용하는 경우도 전자 회로에서 발생한 열로부터 소자를 지키기 위해서이다.

기대치를 벗어나는 소재의 성능 저하 원인은 먼저 소재 자체가 가지고 있는 결함defect을 이해해야 알 수 있다. 사실 과학자들은 결함이 존재하지 않는 완벽한 소재는 없다고 믿고 있다. 소재에서 구조적으로 결함을 어떻게 정의하고 있고 소재 특성에 어떤 영향을 줄 수 있는지 예시와 함께 간단히 소개해 보자. 선택된 소재를 더 오랫동안 유지하기 위해 어떤 노력을 하고 있는지도 알아보자.

완벽하지 않은 소재

완벽한 소재는 존재하지 않는다. 소재는 내부 구조에 결함을 가지고 있기 때문이다. 결함의 개념은 상당히 포괄적인데 앞에서 다뤘던 원자로 이루어진 결정 구조부터 이해해야 한다. 4장에서 결정 구조에 관하여 간단히 설명했지만, 실제 고체 결정은 완벽하지 않아서 일종의 결함을 가지고 있다. 예를 들어 100% 순도의 금을 얻는 건 매우 어려운데 99.99%의 순도라고 하면 나머지 0.01%는 금이 아닌 다른 불순물로 존재한다. 반도체에서 실리콘 웨이퍼wafer는 순도가 중요한데 100%에 가까운 순도를 만들기 위해 용융과 고체화를 반복하는 대역 정제법zone refining(불순물을 용융된 액체에 포함되도록 하는 방법)이라는 특수한 공정을 써야 한다. 대부분 고순도를 만드는 과정은 까다롭고 어렵기 때문에 대체로 소재 가격이 올라가게 된다.

　　이러한 결함은 나쁘게만 작용하는 것이 아니고 오히려 인위적으로 결함을 조절해서 원하는 소재의 특성을 구현하기도 한다. 철에 매우 적은 양의 탄소가 불순물로 들어감으로써 기계적 강도를 획기적으로 향상시키는 강철이 되는 경우를 이미 살펴보았다. 철의 입장에서는 억지로 들어오려는 탄소가 철 구조 내에서는 결함으로 존재한다.

　　결정에서의 결함은 크게 3가지로 나눠지는데 점 결함point defect, 선 결함line defect, 면 결함planar defect이 있다. 점 결함은 규칙적인 배열을 하는 원자의 위치가 바뀌거나 다른 불순물로 대체

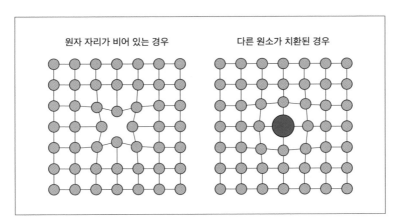

● 결정에서 원자 자리에 결함이 생기는 경우

되는 경우이다. 원래 있던 자리가 비어 있으면 공공vacancy이 생기고, 불순물 원자가 특정한 결정 구조로 들어오면 원래 자리로 대체해서 들어가거나 원자 사이의 틈새에 위치해야 한다. 이때 원자 간 크기가 비슷해야 그 자리로 쉽게 들어가게 되고 받아들일 수 있는 불순물의 양은 재료에 따라 다르다(이를 고용의 한계라고 한다).

선 결함은 1차원 결함이라고도 하는데 금속에서 쉽게 발견되는, 선으로 연결된 원자들의 위치가 변해서 생기는 전위dislocation 결함이 대표적이다. 그중에서도 칼날 전위edge dislocation가 가장 일반적으로 일어나는데 결정 내에 일부 원자들의 정렬이 연속적으로 어긋나서 나타나고 결국 끝단에는 연결되지 않은 원자 면이 발생한다. 이 전위 결함으로 인해 결함 끝단 주변에 격자 변형이 일어나서 압축력과 인장력이 생긴다. 또 다른 전위는 나선 전위screw dislocation로 원자 면이 나선형으로 뒤틀리며 발생하는데 결국 연결된 원자들이 원래의 위치에서 일정한 패턴으로 벗어나게 된다.

면 결함은 2차원 결함으로 결정 구조의 연속성이 끝나는 재료의 외부 표면surface에서 나타난다. 표면은 내부의 결정 구조가 끝나는 곳으로 맨 끝단의 원자는 표면 바깥 쪽으로 연결될 수 없어서 불안정한 원자 결합을 가지게 된다. 이로 인해 내부보다 높은 표면 에너지surface energy(단위 면적당 에너지)를 유발하는데 재료는 이 에너지를 줄이면서 안정화되기 위해 표면적을 최소화

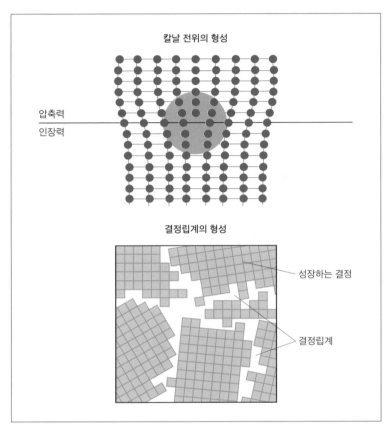

칼날 전위의 형성

압축력
인장력

결정립계의 형성

성장하는 결정

결정립계

● 결정에서의 선 결함과 결정립계의 형성

하려고 한다. 옷감 위에서 물방울이 구형을 띠는 이유도 면적을
최소화하려고 하기 때문이다.

또 다른 면 결함은 결정립계grain boundary의 형성을 들 수 있
다. 성장하고 있는 2개의 다른 결정면이 만나서 경계가 형성되는

것인데 마치 도자기가 구워질 때 입자들이 만나 굳어지는 과정에서 생기는 결정립grain 사이의 경계면 같은 것이다. 이 경계면도 결정립과 달리 불안정한 상태를 유지하고 있어서 이 경계면 때문에 전자의 이동이 어려워지거나 균열crack이 쉽게 전파되기도 한다. 각각 표면과 결정립계는 하나의 작은 학문 영역으로 자리 잡을 정도로 활발히 연구되는 분야이다.

의도된 결함, 새로운 발견의 시작

다양한 결함들이 어떻게 소재의 성능을 저하시킬 수 있는지 다른 예를 들어 보자. 금속에서 전자가 이동하면서 전기가 흐른다고 하였는데 불순물 등 결함이 내부에 존재하면 전자의 흐름을 방해하게 된다(이를 산란 효과라고 한다). 시간이 흐름에 따라 금속 표면은 산화가 일어나 금속성이 사라지게 되어 결국 전도성을 잃어버린다. 전자 제품의 속도가 느려지거나 갑자기 작동하지 않을 수도 있다. 많은 전자 부품에서 오랜 시간이 흐르면 소재 내부에 조금씩 균열이 생기기 시작하고 지속적으로 균열이 성장하여 결국 부품이 물리적으로 파괴되는 일이 발생한다. 만약 콘덴서 같은 세라믹 전자 부품 내에 공공이 있으면 전기를 가했을 때 스파크가 일어나 갑자기 전기가 통하면서 절연성을 잃어버리는 절연 파괴electric breakdown가 일어나기도 한다.

5. 반전의 과학, 개선된 소재들

소재 결함

점 결함 / 선 결함 / 면 결함

 좋은 소재

철이 탄소를 만나 강도 증진 — **강철의 탄생**
반도체 도핑을 통한 전자 이동도 증진 — **반도체 소자**
불순물 에너지 준위를 통한 발광 색 변화 — **발광 소재**
결정립계를 통한 에너지 장벽 형성 — **온도 센서**

 나쁜 소재

결함/시간에 따른 전도도 감소 — **전자 부품**
표면/계면 반응으로 효율 감소 — **태양 전지**
결정립계로 인한 기계적 강도 저하 — **건축 구조물**
공공은 절연 파괴를 일으킴 — **콘덴서**

 개선을 위한 노력

산화를 억제하는 신소재 적용
표면 보호 코팅을 통한 반응 차단
결정립의 크기를 조절하여 경계면 조절
소재 성능 요구 조건의 상향화

● 소재 결함에 따른 좋은 소재와 나쁜 소재의 예와 개선을 위한 노력

우리는 전자 제품에는 일정한 수명이 존재한다고 생각하는데 대부분 소재가 구조적으로 변하면서 발생한다. 태양 전지의 경우도 여러 반도체 소재가 접합을 이루면서 소자 구조를 형성하는데 접촉하는 면에서 혹은 내부에서 결정립계가 어떻게 존재하느냐에 따라 빛에 의해 생성된 전자가 이동하는 데에 큰 방해를 받게 된다.

의도적으로 결함을 형성하여 성능을 향상시키는 예는 적은 양의 불순물을 반도체에 첨가하는 도핑doping 과정을 거쳐 반도체의 유형이나 전기적 특성을 획기적으로 바꾸는 경우를 들 수 있다. 우리 눈에 보이는 빨간색, 초록색, 파란색의 LEDlight emitting diode 발광 소자도 특정한 도핑 기술을 통해 특정한 에너지 준위를 형성하고 빛이 방출되는 에너지를 조절하여 원하는 색 발광을 얻을 수 있다. 결정립계를 이용한 소자로는 온도 센서thermistor를 들 수 있는데 세라믹 재료에서 결정립계의 면적을 조절하고 도핑을 통해 결정립에 에너지 장벽을 형성하면서 효율적인 소자를 제조한다.

결함과 함께하기

제품의 성능 저하 원인은 소재 내부의 결함으로 시작되지만 외부 환경 때문에 소재 특성의 저하가 일어나기도 한다. 예를 들어 우리 몸이 매우 높은 전압에서 감전되는 것처럼 절연체 소재도 순간적으로 높은 전압을 가하면 버티지 못하고 절연 파괴가 일어난다. 전자 제품에서 전기 배선 사이에 절연성을 잃어버려서 전기가 갑자기 통하는 현상인데 온도가 높아지거나 오래 사용할수록 일어날 확률이 급격히 높아진다. 예전 브라운관 TV의 경우 뜨거워지면 고장 날 확률이 높아서 열을 식히는 게 필요했다. 핸드

101

폰 등 모든 가전 제품도 뜨거워지면 배터리 소모도 늘지만 고장 위험이 높아진다. 회로에서는 소재를 보호하기 위해 표면에 코팅막을 형성하는 기술을 많이 사용하고 있다. 습기나 온도, 그리고 외부 충격에 전자 부품을 보호하기 위해서다.

또한 소재와 부품의 완제품을 시장에 내놓을 때 충분한 성능 테스트를 거쳐서 수명이 오래가도록 하고 있다. 보통 표준 테스트는 영하 수십 ℃에서 120℃까지의 온도 영역에서 소재 성능이 유지되는지, 온도의 급격한 변화에도 유지되는지, 기계적 힘을 가했을 때 얼마나 버티는지 등이 있다. 이 테스트 요구 조건이 높을수록 결국 장시간에 걸쳐 완제품의 성능 유지를 기대할 수 있다.

재료의 화학적 성질도 매우 중요한데, 즉 재료의 성분이 변하는 경우이다. 예를 들어 철이 대기 중에 오랫동안 노출되면 표면부터 점점 녹이 슬어 부식corrosion이 일어나는데 대부분 산화 반응 때문이다. 산화된다는 말은 산소를 받아들인다는 의미로 철이 산화 철로 변하면서 금속성을 잃어버린다. 전기 배선으로 쓰이는 구리나 은도 산화가 심하게 일어나는 금속이다. 다른 예로 대기 중의 수분과 반응하여 흡수하는 경우 흡습제로 쓰기도 하고 악취를 없애는 경우도 있다. 어떤 소재는 휘발성이 매우 강하거나 온도나 전기장 등 외부 요인에 따라 성분이 천천히 변하는 소재도 존재한다.

또 다른 소재의 특성은 바이오 응용과 연관된다. 이 분야에 쓰이는 소재들은 신체와 접촉 시 원하지 않는 화학적 반응이 일어나면 안 된다. 혹은 인체 내 신진대사에 관여하는 소재는 체액에 녹거나 배설물로 쉽게 배출될 수 있는 소재를 선호한다.

결국 좋은 소재를 유지하기 위해서는 내부 결함의 존재를 이해하고 이에 따라 예상되는 성능 저하를 파악하는 데에 있다. 사용하는 환경과 시간에 따라 변하는 소재의 특성을 예측해서 사전에 방지하는 기술을 적용하는 것이 중요하다. 결함을 선택적으로 이용하여 소재의 성능과 수명을 연장한 성과도 이미 많은 예가 존재한다.

6. 쓸모의 재료, 세라믹·금속·폴리머

모든 소재는 기본적으로 세라믹, 금속, 폴리머로 분류할 수 있다. 우리가 손쉽게 접하는 소재이기도 하지만 오랜 시간 사용하여 그 쓸모가 검증된 물질이다. 어떤 소재가 우리 가까이에 있는지 알아보자.

역사의 흐름을 소재 발전의 관점에서 본다면 지금도 그 연장선상에서 새로운 소재는 계속 출현하고 있다. 현대 과학의 발전과 함께 발명되어 널리 사용되고 있는 기본적인 소재를 먼저 소개해 보자. 큰 틀에서 세라믹, 금속, 폴리머로 나눌 수 있는데, 각 소재군은 다시 소분류로 나뉘어 있다.

지난 수십 년 동안 소재의 중요성이 부각되며, 신소재 공학과에서도 세 분류로 나누어 학습하고 있는데 사실 학문적인 기원은 조금 다르다. 예를 들어 금속은 광물에서 정제 과정을 거쳐 추출해야 하므로 초기에는 광물 연구를 주대상으로 하는 지질학 학문 분야와 많은 관련성이 존재했다. 세라믹과 폴리머 분야는 탄소 화합물을 기반으로 하는지에 따라서 나뉘는데 각기 무기 화학inorganic chemistry과 유기 화학organic chemistry 분야에서 학문적으로 태동했다.

유기 화학은 탄소 화합물에 기반한 것으로 20세기에 들어 플라스틱, 섬유 분야에서 새로운 고분자 물질의 큰 발전을 가져왔고, 세라믹 분야는 그 후 1970, 1980년대부터 파인 세라믹스fine ceramics라는 개념이 탄생하며 다양한 반도체, 나노, 탄소 소재의 출현과 함께 더욱 정교한 세라믹 소재를 요구하는 첨단 응용 분야로 확장되었다. 이러한 세 분류도 이제는 소재 분야라는 하나의 학문으로 통합되어 체계가 이루어지고 있다. 유기 화학은 초기에는 organ(생명체 기관)의 구성 성분이나 물질 대사를 연구하는 분야로 출발하여 후에 유기 화합물 합성으로 분야가 확장되었으나 초기의 명칭을 이어받아 'organic chemistry'라는 용어를 여전히 사용하고 있다.

앞서 간단히 소개한 대로 세라믹, 금속, 폴리머 소재에 대한 기본적인 특성은 우리가 경험으로 익히 알고 있다. 컵을 예로 든다면 자기로 만든 머그잔, 유리컵, 스테인리스 컵, 플라스틱 컵을 떠올리게 되는데, 깨질 위험성과 열 보존 정도, 무게감, 질감, 가격 등 기본적인 차이를 체감하고 있다. 이런 특성 때문에 초창기 세라믹은 온도 보존을 필요로 하는 곳에, 금속은 열과 전기를 잘 통하는 용도로, 플라스틱은 저렴하지만 가볍고 비교적 단기 사용에 적합한 제품에 대체적으로 사용되었다. 이제 일상생활에서 우리가 사용하고 있는 소재의 예와 함께 그 쓰임에 대해 알아보자.

무한 응용 물질, 세라믹

비금속 무기질 고체 재료인 세라믹은 우리 삶에 없어서는 안 될 중요한 소재로 자리매김하고 있다. 석기 시대부터 사용되었으며 원료 물질 중에서 가장 많이 사용되는 점토clay의 경우 자연 상태에서 대부분 흙으로 존재하는데 적당한 비율의 물과 배합하여 특정한 모양을 만드는 성형이 쉽고 높은 온도에서 열을 가하면 단단하게 강도가 높아져 사용하기 편리하다. 이때 수분이 날아가면서 수축이 일어나는데 고른 점토를 사용하지 않으면 금이 가거나 깨진다. 주로 타일, 벽돌, 도자기, 식기, 화장실 도기 등 여러 제품군이 점토를 통해 제작되어 널리 사용되고 있다.

점토 중에는 고령토인 카올리나이트Kaolinite [$(Al_2Si_2O_5(OH)_4$ 화학식의 층상 규산염 화합물]가 백색 도자기 원료로 가장 많이 쓰이는데 건조 후 수분이 충분히 날아가는 1000℃ 이상의 온도에서 경화 과정을 통해 단단해진다. 주로 조형물로만 쓰이는데 열처리가 필요 없는 석고gymsum($CaSO_4 \cdot 2H_2O$)와는 구분이 필요하다.

유리는 보통 투명하고 깨지기 쉬운 세라믹 재료의 일종으로 앞서 설명한 대로 원자가 규칙적으로 배열되지 않는 무결정의 대표적인 예이다. 혼합된 특정한 소재들을 녹인 후 급속 냉각하여 만들어지지만 모든 세라믹 재료가 그런 방식으로 유리가 되는 것은 아니다. 보통 유리를 형성하는 성분인 이산화 규소(SiO_2)와 산화 붕소(B_2O_3)의 양이 충분한 상태(보통 70% 이상)에서 다른 산화

세라믹 분류	대표 소재	주요 응용
도기, 자기	점토[$Al_2Si_2O_5(OH)_4$]	도자기, 식기, 타일, 벽돌, 변기
유리	Ca-Al-B-Si-O	창유리, 자동차 유리, 병유리, 렌즈, 광섬유
내화물	Al_2O_3, ZrO_2, Si_3N_4, SiC	용광로 내벽, 우주선 타일
시멘트	석회석 + 점토(Ca-Al-Si-O)	건물 외벽, 바닥, 콘크리트, 모르타르
전자 세라믹스	$BaTiO_3$, $Pb(Zr,Ti)O_3$, ZnO	콘덴서, 점화 플러그, 센서, 트랜스듀서, 자석
바이오 세라믹스	ZrO_2, 아파타이트[$Ca_{10}(PO_4)_6(OH)_2$]	인공 치아, 관절, 뼈 등 생체 재료
반도체 소재	Si, GaAs, GaN, TiO_2	트랜지스터, 태양 전지, 다이오드, 레이저
나노 소재	Si, CeO_2, 퀀텀 닷, 그래핀	디스플레이, 반도체 소자/공정, 전자 부품
탄소 소재	흑연, 다이아몬드, 그래핀	배터리, 발열체, 단열재, 전자 부품

● 세라믹 소재의 대표 소재와 주요 응용

물과 함께 녹여서 용융체를 형성하여 급랭하면 유리가 된다. 주위에 흔히 보는 창유리나 자동차 유리, 병유리 등은 특수한 카메라 렌즈나 안경 렌즈에 비해 저렴하게 만들어야 하는데 낮은 온도에서 쉽게 용융되는 원료 소재와의 조합이 필요하다. 예를 들어 산화 나트륨(Na_2O)과 산화 칼슘(CaO)을 넣어서 용융 온도를 낮추고 안정화시켜 널리 쓰일 수 있는 유리를 만들어 낸다.

고난도의 유리는 안경 렌즈처럼 특정한 광학 성질을 원하거나 혹은 방탄유리처럼 기계적 충격에 매우 강한 유리가 필요한 경우이다. 방탄유리는 표면에 강한 압축력을 형성하여 즉각적인 강한 충격이 왔을 때 기계적 에너지가 전달되지 않게 하는 것이다. 고난도의 유리는 특정한 기능을 부여하기 위해 유리를 형성하는 성분이 매우 제한되고 대부분 1500℃ 이상의 고온에서 제작되어 비용이 올라가게 된다. 고온에서 비용이 급격히 올라가는 이유는 발열하는 소재가 매우 비싸지고 유리 자체의 제작도 어려워지기 때문이다. 1500℃ 이상이면 몰리브데넘 실리사이드($MoSi_2$) 같은 고가의 특수한 세라믹 발열체를 사용해야 한다.

한 가지 특이한 유리로 흔히 글라스–세라믹glass-ceramic이라 불리는 소재가 있는데, 이는 비정질의 유리를 재가열하여 유리 내부에 결정을 형성시켜 만든다. 보통 기계적 강도가 매우 강해서 바닥에 떨어져도 깨지지 않는 사기그릇이 이에 해당한다. 불에 직접 가열할 수 있는 유리 냄비나 실험 기기로 널리 사용되는 저열팽창의 파이렉스Pyrex(코닝Corning사 제품명) 유리나 잘 깨지지 않도록 설계된 핸드폰 전면 유리인 고릴라 글래스Gorilla glass(코닝사 제품명)는 주위에서 쉽게 접하는 특수 유리이다. 유리를 섬유 형태로 제작하여 구리 같은 금속 전선을 대체하여 초고속 광케이블 통신망에 사용하는 광섬유optical fiber(빛 신호를 전달하는 가느다란 유리 섬유)의 예는 첨단 유리 분야에 해당한다. 유리 섬유 케이블을 통해 전기 신호를 빛 신호로 바꾸어 굴절률 차이로 생기는 내부 반사internal reflection(유리 섬유 내에 반사만을 일으켜 빛을 가두어 두는 현상)로만 전달하기 때문이다.

내화물refractory material은 보통 고온에서 열이나 압력, 화학

6. 쓸모의 재료, 세라믹·금속·폴리머

반응에 잘 견디는 세라믹 소재를 말한다. 주로 용광로 내부 내장재나 우주선 외벽 타일로 사용되는데, 매우 높은 온도에서 용융되지 않고 잘 견디는 재료를 생각하면 이해가 쉽다. 보통 알루미나(Al_2O_3), 실리카(SiO_2), 마그네시아(MgO), 지르코니아(ZrO_2) 같은 자연적으로 흔하게 존재하는 비교적 저렴한 산화물이나 실리콘 나이트라이드(Si_3N_4), 보론 나이트라이드(BN) 같은 질화물, 실리콘 카바이드(SiC) 같은 탄화물로 구성되어 특수한 용도로 널리 사용되고 있다. 예를 들어 알루미나의 경우 녹는점이 2070℃로 다양한 순도로 제작되는데 1800℃까지 열 충격에 매우 강하여 유리 제조나 철 주물용 화로 내벽에 쓰이고 있다.

시멘트cement는 놀랍게도 상온에서 단순히 물과 혼합하면 굳어지고 단단해지는 물질로 구성 성분들이 서로 화학적으로 결합하면서 안정화된 구조를 형성한다. 일단 굳어지는 경화 과정이 일어나면 다시 물을 공급해도 원상태로 돌아가지 않는다. 왜냐하면 시멘트의 경화 과정은 물이 건조되면서 발생하는 것이 아니라 물이 수화 반응hydration reaction(물과 결합하는 화학 반응)으로 직접 화학 반응에 참여하여 물의 성질을 잃어버리기 때문이다. 여러 재료와의 혼합이 가능해서 원하는 기능에 따라 다양한 시멘트 제작이 가능하다.

가장 많이 알려진 포틀랜드 시멘트의 경우 19세기 초 영국에서 석회석limestone($CaCO_3$)에 화산재, 점토 등을 혼합하여 시멘트를 만드는 데 성공하면서 탄생했는데, 영국 포틀랜드섬의 천연석과 유사하다고 해서 포틀랜드 시멘트라 불리게 되었다. 구성 성분으로는 60% 이상의 산화 칼슘(CaO)을 주성분으로 실리카(SiO_2), 알루미나(Al_2O_3)가 혼합되어 있다. 석회석과 점토 등의 원료는 대개 1450℃까지 가열하면 클링커clinker(시멘트의 원료가 되는 다공질 덩어리)라 불리는 수에서 수십 mm의 작은 덩어리가 생기는데 이를 분쇄해서 우리가 아는 시멘트가 만들어진다. 분쇄할 때 다른 성분을 섞어서 특성을 조절하는데 기계적 강도를 높인다거나, 바닷물에 의한 부식에 잘 견디게 하거나, 가볍게 하거나, 댐 건설 시 단단해지는 속도를 줄이는 것과 같은 수요에 맞추기 위해서 다양한 시멘트 성분이 탄생한다.

슬레이트slate(점판암)라 불리는 것은 15~20%의 석면asbestos(섬유상 규산 광물)을 첨가해 물체가 최대한 늘어날 수 있게 인장력을 증가시킨 것으로 주로 지붕이나 벽의 재료로 쓰인다. 반죽 형태인 모르타르mortar는 모래, 시멘트를 물과 함께 섞은 것으로 벽돌 사이의 이음새 접합을 위해 쓰이거나 기와로 사용한다.

콘크리트concrete는 시멘트, 모래, 자갈을 혼합한 경우를 말하며 이때 시멘트는 자갈 사이를 단단히 결합시키는 역할을 한다. 시멘트의 기원은 매우 오래되었는데 기원전 2500년경 이집트 피라미드에 구운 석고를 모래와 섞은 모르타르를 사용했고 그리스, 로마 시대를 거치면서 시멘트가 적당히 혼합된 재료가 구조물에 광범위하게 쓰였다. 다른 소재와 마찬가지로 오랜 역사에도 불구하고 아직도 시멘트에 대한 연구는 활발히 진행되고 있다.

6. 쓸모의 재료, 세라믹·금속·폴리머

전자 부품에 사용되는 기능성 세라믹 소재를 별도로 전자 세라믹스electronic ceramics라 하는데 주로 커패시터(축전기 혹은 콘덴서라고도 부른다), 저항기resistor, 인덕터inductor, 트랜스듀서transducer 같은 전자 부품, 그리고 각종 센서에 사용된다. 대표적인 소재로 페로브스카이트perovskite 결정 구조를 갖는 티탄산 바륨($BaTiO_3$)이라는 재료가 전하를 모으는 커패시터 용도로 쓰이고 있다. 이 밖에도 전자 세라믹스에는 페라이트ferrite 화합물이라 하여 금속이 아닌 세라믹으로 이루어진 자석이 있다. 금속처럼 반짝이지 않는 불투명한 검은 자석이 세라믹 자석에 해당한다. 냉장고나 철판에 붙이는 약한 자성의 자석을 보게 되는데 그것이 바로 세라믹 자석이다.

　　세라믹 재료는 화학적 안전성과 강한 마모 저항 등으로 생체 재료로 바이오세라믹스bioceramics라 불리는 영역이 존재한다. 예를 들어 다공질 뼈, 관절, 인공 치아 등 많은 인체 임플란트를 위한 대체 및 결합 유도 소재로 사용되고 있다. 이른바 첨단 세라믹스라 하여 앞에서 언급한 세라믹 소재 이외에도 다양하게 존재하는데 주로 현대 산업이 발전하면서 새로운 응용에 맞는 소재를 필요로 하면서 인위적으로 개발되면서 탄생했다. 반도체 소재, 탄소 소재, 나노 소재를 들 수 있는데 비교적 나중에 파생된 소재로 7장에서 별도로 소개하고자 한다.

가치의 물질, 금속

금속은 단일 성분만으로도 광범위하게 사용되고 있지만 여러 가지 성분을 혼합하는 과정을 거쳐 특정한 응용에 가장 적합한 이상적인 금속 재료를 개발해 사용하고 있다. 이러한 다성분으로 이루어진 합금 금속 소재에 대해 알아보고자 한다. 철의 함유 여부에 따라 철합금ferrous alloy, 비철합금 non-ferrous alloy으로 크게 나뉜다.

철이 주성분인 철합금의 경우 철이 자연상에 풍부하게 존재하여 대기 중 산화되는 문제에도 불구하고 저렴한 공정과 함께 넓은 응용 범위에서 사용된다. 보통 강철steel이라면 철과 탄소의 합금이지만 다양한 다른 원소도 포함하고 있다. 탄소의 함량에 따라 저탄소강low-carbon steel, 중탄소강medium-carbon steel, 고탄소강 high-carbon steel으로 분류된다. 저탄소강은 대개 무게비로 0.25% 미만의 탄소를 함유하고 있고 비교적 약한 반면 무르고 잘 늘어나는 특성을 가지고 있어서 자동차 패널, 못, 파이프 등에 사용된다. 구리나 니켈 등과 혼합물을 이룰 경우 고강도의 저합금강을 만들 수 있는데 다리 구조물, 볼트 등에 사용되며 부식성을 크게 개선할 수 있다.

중탄소강의 경우는 마르텐사이트라는 구조를 갖는데 0.25~0.60%의 탄소를 함유하고 있고 고온 처리를 통해 기계적 성질을 크게 향상시킬 수 있다. 탄소의 함량에 따라 강도가 증가하므로 저탄소강보다 강도는 좋지만 반대로 무른 성질은 감소한다. 각종 기계 부품, 철로, 열차 바퀴, 고강도 구조체 등에 주로 쓰이고 크롬(Cr), 몰리브덴(Mo) 등과 함께 합금을 만들어 사용한다.

고탄소강은 탄소 함량이 0.6~1.4% 정도이며 가장 강도가 세다. 우수한 내마모성을 요구하는 절삭 공구, 주방용 칼, 콘크리트 드릴 등에 쓰이며 바나듐(V), 텅스텐(W) 등이 첨가되어 강도를 더욱 증가시킬 수 있다.

반면 스테인리스강stainless steel처럼 철 이외에 다량의 합금 원소가 포함된 고합금강을 만들 수 있는데 스테인리스강은 보통 11% 이상의 크롬이 함유된 경우이다. 이미 잘 알고 있듯 스테인리스강 재질은 반짝이며 부식성이 강해 잘 녹슬지 않는다. 제조 공정과 첨가 원소를 달리하여 다양한 상phase의 스테인리스강이 만들어지며 밸브, 베어링, 엔진과 항공 부품 등 다양하게 쓰이고 있다.

더 많은 탄소가 함유되면 강steel에서 벗어나서 주철이 탄생한다. 주철은 2.14% 이상의 탄소를 함유한 경우이지만 대개 3~4.5%의 탄소와 철이 결합되어 만들어진다. 기계적으로 강도가 취약하지만 주조가 편리한 가공법이어서 광범위하게 응용되고 있다. 일반적으로 회주철grey cast iron, 연성 주철ductile cast iron, 백 주철white cast iron, 흑연 주철graphite cast iron 등이 대표적이다.

회주철은 1~3% 실리콘(Si)과 함께 2.5~4%의 탄소(C)를 함유하는데 흑연이 박편 형태로 존재하고 파괴 표면이 회색을 띠

금속 분류		대표 소재	주요 응용	
철 금속	강철	저탄소강	Fe-C(〈0.25%)	자동차 패널, 못, 파이프, 다리 구조물
		중탄소강	Fe-C(0.25~0.6%)	기계 부품, 철로, 열차 바퀴, 고강도 구조체
		고탄소강	Fe-C(0.6~1.4%)	절삭 공구, 칼, 콘크리트 드릴
		스테인리스강	Fe-C-Cr(〉11%)	밸브, 베어링, 엔진 부품, 항공 부품
	주철	회주철	Fe-C(2.5~4%)-Si	엔진, 실린더, 피스톤
		연성 주철	Fe-C(2.5~4%)-Si-Mg-Ce	밸브, 펌프, 자동차 부품
		백주철	Fe-C(2.5~4%)-Si	변속기, 밸브
		흑연 주철	Fe-C(3.1~4%)-Si	고열 충격, 고열 전도도 용도
비철 금속		알루미늄	Al	포일, 음료수 캔
		구리	Cu	전기 배선, 냄비
		황동	Cu-Zn	악기, 동전, 의복 장식
		청동	Cu-Sn-Al	베어링, 밸브, 기어
		마그네슘	Mg	비행기, 자동차, 전자 제품의 경량화 소재
		타이타늄	Ti	고강도 우주선, 항공 부품, 부식 방지 제품
		내화 금속	Nb, Mo, W, Ta	3400℃까지 고온 응용, 필라멘트, 엑스레이 튜브
		초합금	Ni, Co 합금	비행기 터빈, 원자력 반응로
		귀금속	Ag, Au, Pt, Pd	장신구, 전기 배선, 촉매 재료

● 금속의 대표 소재와 주요 응용

115

어서 회주철이라고 부른다. 얇은 조각 형태인 박편으로 존재하여 인장력이 약하고 깨지기 쉬운 성질을 가지고 있다. 하지만 진동을 흡수하는 능력이 뛰어나고 저렴하다는 장점이 있어서 엔진처럼 진동에 노출되는 주조물이나 각종 실린더와 피스톤에 사용된다. 연성 주철은 회주철에 마그네슘(Mg)과 세륨(Ce)을 소량 첨가하여 만들어지는데 박편 형태가 아닌 흑연graphite상으로 존재한다. 강도가 매우 세지고 늘어나는 성질도 좋아져서 밸브, 펌프 동체, 자동차 부품 등에 사용된다. 백주철은 규소의 양을 1% 이내로 줄이고 급속 냉각을 통해 형성하는데 흑연상이 없어지면서 파단면이 흰색을 띠어서 백주철이라 부른다. 변속 기어나 밸브 같은 강한 내마모성이 필요한 표면에 주로 사용된다. 흑연 주철은 3.1~4%의 탄소를 포함하지만 1.7~3%의 규소에 의해 흑연화가 촉진된 주철이다. 대개 높은 열 충격이 필요하거나 빠른 열 전달이 요구되는 응용에 쓰인다.

이제 철이 포함되지 않는 비철합금을 소개하고자 하는데 철이 많이 들어가서 무겁거나 전기 전도도가 낮고 잘 부식되는 성질을 개선하기 위해 다양한 합금이 제작되었다. 이미 주위에 많은 비철합금이 있는데 노트북 커버나 금속 용기, 귀금속 등 폭넓게 활용되고 있다. 알루미늄(Al), 구리(Cu), 마그네슘(Mg), 타이타늄(Ti), 니켈(Ni), 납(Pb), 주석(Sn), 아연(Zn), 지르코늄(Zr) 합금부터 내화 금속refractory metal, 초합금superalloy, 귀금속precious metal까지 다양한 비철합금이 있는데 주요 소재만 활용 위주로 간단히 알아보자.

먼저 알루미늄은 포일이나 음료수 캔에서 쉽게 볼 수 있는데 가볍고 부식이 일어나지 않고 잘 늘어나는 특성을 가지고 있다. 다른 금속과 함께 합금으로도 많이 제작되는데 주로 강도를 높이기 위해 사용된다. 예를 들어 알루미늄에 리튬(Li)을 소량 첨가하면 가벼우면서 높은 탄성과 강도를 유지하여 우주 항공 산업에 유용하게 쓰인다. 구리 관련 합금은 저렴하면서 높은 전기 및 열전도도를 가지므로 전기 배선이나 냄비에 많이 사용된다. 구리는 아연과도 합금을 이루어 황동brass이 되는데 의복의 장식, 악기, 동전 등에 광범위하게 사용된다. 청동은 구리에 주석, 알루미늄, 철 등을 혼합하여 만드는데 황동보다 내부식성이 뛰어나고 강하여 베어링, 밸브, 기어 등에 사용된다.

마그네슘은 실용적인 금속 중 가장 가벼워서 비행기나 자동차, 전자 제품의 경량화에 매우 중요한 소재이다. 하지만 상온에서 불안정하고 성형이 어려워서 주조casting(녹인 금속을 몰드에 부어서 모양을 만드는 과정)나 고온에서의 열간 가공(고온에서 형상을 만드는 과정)을 거쳐야 한다. 타이타늄 관련 합금은 비교적 최근에 개발되었으며 녹는점이 높고 늘어나는 힘에 대한 강도가 매우 좋다. 비교적 무른 성질이어서 가공이 쉽다는 장점이 있으나, 고온에서 화학 반응하여 제작에 높은 비용이 든다는 단점을 가지고 있다. 고강도 우주선, 항공 부품 및 고온 부식 방지, 화학 공정 장비 등에 쓰이고 있다.

내화 금속은 약 2450℃에서 3400℃까지 매우 높은 녹는점을 갖는 금속을 지칭하는데 나이오븀(Nb), 몰리브덴(Mo), 텅스텐(W), 탄탈륨(Ta) 등이 이에 속한다. 원자 간 결합력이 매우 강하고 높은 탄성 계수elastic modulus(응력에 따라 재료가 변형되는 정도를 의미한다)를 가지고 있어서 고온에서도 강도를 유지한다. 예를 들어 가장 녹는점이 높은 텅스텐의 경우 전극electrode의 필라멘트, 엑스레이 튜브 같은 특수한 용도로 쓰인다. 주로 니켈, 코발트(Co)를 근간으로 다양한 원소와의 단조나 주조를 통해 제작되는 초합금도 있는데 비행기의 터빈turbine 부품이나 원자력 반응로에 쓰여 고온에서 화학 반응을 억제하는 용도로 쓰인다.

우리가 잘 알고 있는 귀금속은 사실 8종의 원소를 말하는데 은(Ag), 금(Au), 백금(Pt), 팔라듐(Pd), 로듐(Rh), 루테늄(Ru), 이리듐(Ir), 오스뮴(Os)이 해당된다. 부식과 열에 강하나 상대적으로 매우 비싸다. 금, 은, 백금은 장신구로 많이 쓰이지만 전기 재료나 촉매catalyst 재료로도 매우 중요한 소재들이다. 특히 구리와의 합금으로 많이 제작되는데 7.5%의 구리를 함유한 은화sterling silver가 대표적인 예이다.

가벼움의 다양함, 폴리머

폴리머(고분자나 중합체) 재료는 나무, 고무, 면사, 가죽, 비단에 이르기까지 광범위하다. 천연 고분자 재료인 단백질, 녹말, 효소, 섬유소도 폴리머에 속한다. 우리가 주로 사용하는 플라스틱, 섬유, 고무, 폼foam 등은 합성된 폴리머이다. 다른 소재와 마찬가지로 폴리머도 구조적 구성 요소와 결합 방식에 따라 우수한 특성을 가지게 된다. 폴리머는 앞서 설명한 세라믹과 금속에서의 결정을 형성하는 구조와는 다르게 가벼운 탄소를 포함하는 유기 분자organic molecule들이 반복적인 배열을 이루는 다양한 구조로 이루어져 있다.

많은 유기물은 탄소와 수소 원자들 간의 결합으로 이루어진 기본적인 탄화수소hydrocarbon 분자로 구성되어 있다. 탄화수소 분자의 예로 에틸렌ethylene(C_2H_4)에서는 탄소 간에는 이중 결합, 각 탄소에 붙은 2개의 수소와는 단일 결합으로 이루어져 있다. 이러한 탄화수소 분자에는 파라핀족paraffin family에 속하는 메탄(CH_4), 에탄(C_2H_6), 프로판(C_3H_8) 등이 존재한다. 이때 수소 대신 다른 수산기(OH^- : hydroxyl radical)가 붙으면 다양한 분자 형성이 가능한데 예를 들어 CH_4인 메탄에 하나의 수소 대신 OH^-가 붙으면 CH_3OH가 되고 메틸 알코올methyl alcohol로 불리게 된다. 이러한 탄화수소 분자들이 길고 유연하게 사슬과 같이 연결되면 비로소 폴리머 분자가 된다. 분자 내에서는 공유 결합으로 강한 결속을 갖지만 분자 간에는 약한 반데르발스 결합으로 이루어져 있다.

폴리머는 분자의 크기가 거대해서 거대 분자macromolecule

에틸렌(C₂H₄)　　　메탄(CH₄)　　　에탄(C₂H₆)

프로판(C₃H₈)　　　메틸 알코올(CH₃OH)

●탄화수소계 화합물의 분자 구조

라고도 불린다. 폴리에틸렌polyethylene처럼 탄소 원자가 연결된 줄이 중추 역할을 하고 각 탄소 원자 양쪽으로 수소가 결합되어 있다. 무수히 연결된 분자여서 화학식은 통상 반복 단위repeat unit(단량체monomer라 불리기도 한다)로 나타내며 이 구조 단위가 사슬을 따라 연속적으로 연결되어 있다고 가정하면 된다. 폴리에틸렌에서 반복 단위는 에틸렌이고 대기 중에 기체 상태로 존재하지만 촉매 작용과 함께 적당한 온도와 압력 조건하에서 고체 상태인 폴리에틸렌으로 변하게 된다(이를 중합 반응polymerization이라 한다). 폴리poly는 많다는 의미로 에틸렌이 많이 연결되어 있어서 폴리에틸렌이라고 하는데 비로소 폴리머가 탄생하게 된다. 완전한 직선

120

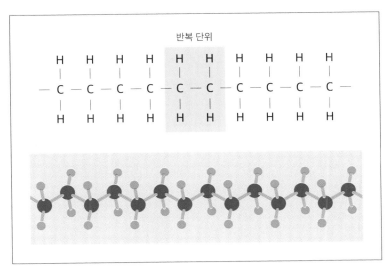

반복 단위

● 폴리에틸렌의 반복 단위 구조와 사슬 구조

형의 구조라면 인접한 탄소 간의 각도가 180°이어야 하나 실제는 109°에 가까워 지그재그 패턴의 탄소 사슬 구조로 보인다.

폴리에틸렌 구조를 기반으로 다른 폴리머 합성도 가능하다. 예를 들어 4개의 수소가 모두 플루오린(F)으로 치환되면 불화 탄소라고 불리는 폴리테트라플루오로에틸렌PTFF, polytetrafluoroethylene이 된다. 우리가 보통 테플론Teflon(듀폰사 상품명)으로 알고 있는 폴리머이다. 4개의 수소 원자 중 하나를 염소(Cl)로 치환하여 중합체를 만든다면 PVCpolyvinyl chloride로 많이 불리는 폴리염화 비닐이 된다. 사슬을 따라 반복되는 단위가 동일한 경우 균일 폴리머homopolymer라 하고 2개 이상의 다른 반복 단위가 사슬 구조를

6. 쓸모의 재료, 세라믹·금속·폴리머

폴리에틸렌 $(C_2H_4)_n$	폴리테트라플루오로에틸렌 $(C_2F_4)_n$	폴리염화 비닐(PVC) $(C_2H_3Cl)_n$
H H | | — (C — C)n — | | H H	F F | | — (C — C)n — | | F F	H H | | — (C — C)n — | | H Cl

● 폴리에틸렌 구조와 변형된 폴리머 구조(n은 반복 횟수)

이루면 공중합체copolymer가 된다.

　대부분 폴리머의 성질은 폴리머 사슬의 길이에 따라 좌우되는데 합성된 사슬의 길이를 분자량으로 표시해 나타낸다. 사슬 길이가 매우 짧은 낮은 분자량의 경우 액체 또는 기체로 존재하며 사슬 길이가 긴 고체의 경우 분자량이 만에서 수백만 g/mol(몰 질량) 이상을 갖는다. 사슬 구조의 폴리머는 3차원적으로 회전과 굽힘, 비틀림이 가능하여 변형된 구조를 가질 수 있다. 이로 인해 고무 재료는 길게 늘어나는 탄성적 성질을 가지게 된다.

　폴리머 성질은 분자 사슬 구조에도 크게 의존하는데 분자 사슬이 어떻게 연결되느냐에 따라 선형linear, 가지형branched, 가교 결합형cross-linked, 망상형network의 다양한 분자 구조가 가능하다. 선형 폴리머는 반복 단위들이 하나의 사슬로 일관되게 연결된 구조이며, 가지형 폴리머는 주 사슬의 측면에 가지처럼 다른 사슬이 연결되는 형태이다. 가교 결합형 폴리머는 이웃하는 선형 사

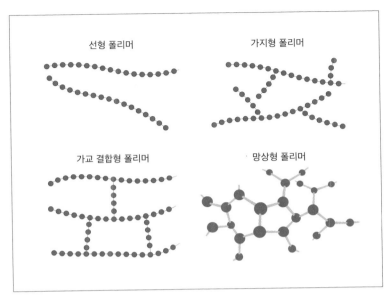

선형 폴리머   가지형 폴리머

가교 결합형 폴리머   망상형 폴리머

● 다양한 폴리머의 분자 구조

슬들 중간에 가교 역할을 하는 원자 간 결합으로 연결되는 경우를 말하며, 망상형 폴리머는 다기능의 단량체가 선형 사슬 대신에 3차원 네트워크를 형성하면서 나타난다. 우리가 사용하는 대부분의 폴리머는 하나의 특정적인 구조만을 가지지는 않는다.

폴리머는 크게 열가소성thermoplastic 폴리머와 열경화성 thermosetting 폴리머로도 분류한다. 열가소성은 열을 가하면 연화된 후 용융이 일어나고 냉각되면 다시 복원되는 경우를 말하며, 대부분 선형 폴리머인 폴리에틸렌, 폴리염화 비닐(PVC)에 해당된다. 열경화성은 열을 가하면 영구적으로 경화되는 경우로 공유 결

6. 쓸모의 재료, 세라믹·금속·폴리머

합을 가지는 가교 결합형, 망상형 폴리머에 해당되며 고무, 에폭시epoxy, 페놀phenol 등이 있다. 고분자 재료에서도 분자 사슬을 따라서 규칙적인 원자 배열이 가능하여 결정성crystallinity을 가질 수 있다. 하지만 사슬의 꼬임, 꺾임 등으로 원자의 규칙적인 배열이 어려워서 비정질 내에 규칙적인 결정질 구역이 분산되어 있는 부분 결정질(혹은 준결정질quasi-crystalline)로 존재한다.

이제 합성 폴리머 재료에는 어떤 것이 있는지 간단히 소개해 보자. 폴리머 소재로서 가장 많이 사용되는 플라스틱은 다양한 종류가 있는데 아크릴acryl, 폴리아미드polyamid, 폴리에틸렌, 폴리프로필렌polypropylene, 폴리염화 비닐, 폴리스티렌polystyrene, 플루오르카본fluorocarbon, 에폭시, 페놀, 폴리에스터polyester 등이 있다. 많은 폴리머 재료는 기억하기 어려운 이름이 대부분이어서 약자나 개발된 제품명으로 그 명칭이 알려진 경우가 많다. 플라스틱은 우리가 알고 있는 대로 매우 견고하고 어느 정도 탄성을 지니고 있으나 열에 매우 취약하다. 부분적으로 결정성을 유도하거나 분자 구조나 배열을 바꾸어 특성 조절이 가능한데 표에 열거된 다양한 플라스틱 종류가 탄생한 이유이기도 하다.

우리가 자주 접하게 되는 아크릴 소재는 우수한 투명성과 내노화성 등의 특성으로 인해 섬유나 물감, 렌즈, 욕조 외장 등에 광범위하게 쓰이고 있다. 폴리아미드로 이루어진 나일론은 우수한 내마모성, 인성으로 카펫 섬유, 스타킹, 호스 등에 널리 쓰이고 있다. 비닐도 고투명성을 가지고 있으며 저가여서 일상생활에

폴리머 분류	대표 소재	주요 응용
플라스틱 열가소성수지	플루오로탄소(Teflon)	파이프, 벨브, 베어링, 내식 코팅
	폴리아미드(Nylon)	베어링, 기어, 핸들, 스타킹, 카펫 섬유
	폴리카보네이트	헬멧, 렌즈, 장갑, 케이스
	폴리프로필렌	플라스틱 병, 부직포
	비닐	바닥재, 파이프, 포장재, 호스
플라스틱 열경화성수지	에폭시	보호 코팅, 접착제, 몰딩, 싱크
	폴리에스터	자동차 본체 부품, 의자, 팬, 헬멧
	폴리우레탄	직물 코팅, 광택제, 자동차 범퍼, 단열 폼
탄성체	폴리이소프렌, 클로로프렌	타이어, 튜브, 케이블, 호스, 구두 굽, 장난감
섬유	폴리에스터, 폴리우레탄, 폴리아미드	각종 직물
코팅	라텍스	페인트, 에나멜, 래커
접착제	폴리우레탄, 에폭시, 아크릴, 고무	접착 테이프, 라벨, 우표, 생체 접착
필름	폴리에틸렌, 셀로판	식품 포장용 봉투, 직물
폼	폴리우레탄, 폴리스티렌	포장의 쿠션, 단열
생체 재료	폴리메틸메타크릴레이트(PMMA)	안압 렌즈, 콘택트렌즈, 뼈 고정물
	폴리테트라플루오로에틸렌(PTFE)	혈관 이식, 안면 보철, 고어텍스
	실리콘	손, 발 관절, 미용 성형, 치과 본뜨기
첨단 폴리머	초고분자량 폴리에틸렌	방탄 조끼, 군용 헬멧, 볼링장 바닥, 생체 재료
	액정 폴리머	LCD 디스플레이

● 폴리머의 대표 소재와 주요 응용

125

서 포장재, 바닥재 등으로 쓰이고 있다. 에폭시도 많이 들어 본 이름일 텐데 접착력이 뛰어나서 접착제, 보호 코팅용으로 활용되고 있다. 신발창, 자동차 범퍼, 광택제, 단열제로 쓰이는 폴리우레탄 polyurethane 소재도 우리가 쉽게 접하는 플라스틱의 한 종류이다.

섬유 소재textile material는 필라멘트형으로 만들어지며 보통 길이 대 지름의 비가 100 대 1 이상인 소재를 말한다. 옷감을 위한 직물 제조에 주로 사용되는데, 특성상 다양한 기계적 강도에 버텨야 하므로 인장 강도가 높고 탄성율이 높아야 한다. 대부분 분자량이 매우 높은 고분자가 사용되는데 폴리에스터, 셀룰로오스계 고분자가 쓰인다. 고분자 코팅 재료는 부식을 방지하고 외관을 좋게 하거나 전기적 절연을 위해서 활용된다. 페인트, 에나멜enamel, 래커lacquer 등으로 제조되어 사용되고 있다.

폴리머 소재는 필름 형태로도 광범위하게 사용되는데 가벼워야 하고 높은 유연성과 투습성 등을 지녀야 한다. 폴리에틸렌, 폴리프로필렌, 셀로판 등의 소재가 쓰이고 있다. 폼foam은 발포제를 사용하여 가열 후 냉각을 거치는 동안 상당한 양의 공기 구멍을 포함하도록 만든 소재이다. 재료 내부에 존재하는 기공들이 열의 전달을 막거나 무게를 줄이고 기계적 충격에 완충 역할을 하여 포장재나 단열재로 널리 쓰이고 있다.

또한 고분자 소재는 생체 재료로도 활용되는데, 생체 내에서 분해가 가능하여 시간이 경과함에 따라 배출되거나 혹은 체액 등 생체와 반응하지 않는 소재를 이용하여 다양한 용도로 사용된다. 콘택트렌즈로 사용되는 폴리메틸메타크릴레이트PMMA, polymethyl methacrylate 소재나 혈관 이식, 안면 보철 등에 쓰이는 폴리테트라플루오로에틸렌(PTFE) 소재, 정형외과나 성형 임플란트로 알려진 실리콘silicone 소재 등이 있다. 첨단 폴리머 소재로 분류할 수 있는 초고분자량 폴리에틸렌은 매우 큰 분자량으로 높은 충격 저항, 높은 마모 저항성 등으로 인해 방탄조끼, 낚싯줄, 볼링장 바닥 등 특수한 용도로 쓰이고 있으며, 디스플레이에서 매우 중요한 역할을 하는 액정 폴리머liquid crystal polymer도 많이 활용되는 고분자 소재이다.

7. 한계를 넘는 소재의 발견

기존의 세라믹, 금속, 폴리머 소재가 가지고 있는 단점과 한계를 뛰어넘는 신소재 개발이 지난 수십 년 동안 활발히 진행되고 있다. 본격적인 첨단 산업의 부상과 함께 인위적인 소재 개발이 성공을 거두는데 바로 복합 재료, 반도체 소재, 나노 소재, 탄소 소재가 대표적인 예이다. 각 소재의 응용 분야까지 간단히 소개해 보자.

□
□
□
□
□

　세라믹, 금속, 폴리머에 대하여 기본적으로 어떤 소재들이 사용되고 있는지 살펴보았다면 이 장에서는 지난 십수 년간 주목받고 있는, 인위적으로 발명되어 사용되고 있는 중요한 소재군에 대해 알아보고자 한다. 매해 새로운 전자 제품이 소개되고 우리가 예전에는 상상하지 못했던 기능과 성능이 추가되고 있다. 기존의 소재를 더 작은 규모로 만들지 못하면 더 이상 전자 제품이 가벼워지거나 얇아지기 어렵다. 새로운 반도체는 전자 제품의 성능과 전력 소비에도 관련이 있다. 앞서 설명한 최근의 신기한 소재의 대부분이 인위적으로 합성하여 만든 신소재이다. 이 인위적인 소재들은 기존의 공정으로는 얻기 어려운 것이어서 첨단 공정 기술 개발에 대한 연구도 함께 진행되고 있다.

　2가지 이상의 상phase이 공존하는 재료를 복합 재료composite (복합체)라고 부르는데 여러 개의 상이 섞이면서 서로 간의 장점을 유지하고 전제적으로 성능을 향상하는 것을 목표로 많은 연구

129

가 진행되고 있다. 반도체, 나노, 탄소 소재도 가장 주목받아 온 소재이며 굳이 분류한다면 세라믹 분야에 속한다고 할 수 있다. 이 새로운 소재들은 이미 상업화가 되어 다양한 제품에 사용되고 있다. 이른바 말하는 첨단 제품에 없어서는 안 되는 소재군이 되었으며, 미래 소재의 큰 축을 담당하고 있다.

인위적인 소재, 복합 재료

복합 재료는 2가지 이상의 다른 물질이 각각 독립적으로 존재하며 하나의 소재를 이루는 경우이다. 이러한 복합 소재는 자연에서도 쉽게 찾아볼 수 있다. 사실 인체의 뼈도 딱딱한 인회석 apatite과 연한 단백질 콜라겐collagen으로 이루어진 복합체이고, 나무도 셀룰로오스 섬유가 강성이 높은 페놀(C_6H_5OH, 무색의 휘발성 방향족 화합물) 폴리머인 리그닌lignin이라는 물질로 둘러싸인 복합 구조로 존재한다.

20세기 중반에 이르러 특정한 성질을 증진시키기 위해 의도적으로 세라믹, 금속, 폴리머 등을 적절하게 조합하여 여러 가지 물질이 독립적으로 존재하는 새로운 형태의 복합 소재 연구를 활발히 진행했다. 예를 들어 매우 가볍고 강도가 세며 내마모성, 내식성이 크고 열 충격에도 강한 소재가 필요하다고 가정한다면, 한 가지 물질만으로는 해결하기 어려우므로 다양한 특성의 소재

복합 재료		대표 소재	주요 응용
입자 강화 복합 재료	과립 복합 재료	콘크리트(시멘트 - 모래 - 자갈)	건물 외벽, 건축물 바닥
		서멧(WC - Co)	절삭 공구
		고무 - 카본 블랙	타이어
	나노 복합 재료	나노 점토 - 폴리머	가스 차단 코팅
		그래핀 - 리튬 금속 산화물	배터리 양극 소재
섬유 강화 복합 재료	폴리머 기지 복합 재료	유리 섬유 강화 플라스틱	자동차 몸체, 플라스틱 파이프
		탄소 섬유 강화 플라스틱	골프채, 낚싯대, 헬리콥터 날개
	금속 기지 복합 재료	탄소 섬유 - 알루미늄	자동차 엔진 부품
	세라믹 기지 복합 재료	SiC 휘스커 - 알루미나	절삭 공구
구조용 복합 재료	층상 복합 재료	탄소/아라미드 섬유, 플라스틱	비행기 동체, 선박 선체, 스키, 다리 부품
	샌드위치 패널	폴리머 폼, 섬유 강화 플라스틱	비행기 날개, 자동차 짐칸 바닥재

● 복합 재료의 대표 소재와 주요 응용

를 조합하여 이러한 요구 조건을 충족하는 방법밖에 없기 때문이다. 서로 부족한 부분을 보완해서 좀 더 개선된 성질을 가지려는 노력으로 탄생한 재료라고 할 수 있다. 대부분의 복합 재료는 기계적인 특성을 향상시키기 위해 개발되었다.

복합 재료는 크게 3가지로 나눌 수 있는데 입자 강화, 섬유

7. 한계를 넘는 소재의 발견

강화, 구조용 복합 재료이다. 실제 사용되고 있는 몇 가지 복합 재료만 간단히 소개해 보자. 먼저 입자 강화 복합체는 분산된 입자가 기계적 강도를 증가시키는 데 이용되는 경우로 연속적으로 연결된 매트릭스matrix상에 입자 형태의 소재를 분산시켜서 만든다. 시멘트에 입자 형태의 모래와 자갈이 분산된 콘크리트도 여기에 해당한다. 서멧cermet이라 불리는 금속-세라믹 복합체의 경우도 세라믹인 텅스텐 카바이드(WC) 입자가 금속인 코발트(Co)나 니켈(Ni)의 매트릭스 내에 분산된 형태로 존재하여 절삭용 소재로 널리 사용되고 있다. 자동차 타이어의 경우 30% 정도 미만의 카본 블랙carbon black 입자가 사용되어 인장 및 내마모성을 크게 증가시키는 역할을 한다. 입자 크기가 나노 스케일(10^{-9}m)로 매우 작아지는 경우도 연구가 활발히 진행되고 있는데 입자가 큰 과립large particle 형태보다 접촉하는 면적이 넓어지는 효과를 갖는다. 산화물 나노 입자나 탄소 나노 튜브, 그래핀 시트 등이 사용되며 대개 폴리머 매트릭스에 분산시켜 복합체를 형성한다. 배터리 양극제, 가스 차단 코팅, 치과 복원 재료 등에 사용된다.

섬유 강화 복합체fiber-reinforced composite도 중요한 복합 재료의 한 종류인데 유리 섬유나 탄소 섬유를 금속이나 폴리머 매트릭스에 분산시켜 기계적 강도를 증진시키기 위해 주로 사용된다. 특히 탄소 섬유를 분산시키는 탄소 섬유 강화 폴리머 복합 재료는 테니스 라켓, 골프채, 자전거 프레임, 항공기 날개 등 가벼우면서 고강도를 요구하는 고가의 소재로 적용 범위를 넓히고 있다. 케블라kevlar로 알려진 아라미드 섬유 강화 폴리머 복합 재료도 방탄조끼, 스포츠 용품, 밧줄, 미사일 표면 등에 쓰이는 잘 알려진 소재이다. 유리 섬유로 강화된 복합 재료도 자동차의 몸체와 플라스틱 몸체에 사용된다.

구조용 복합 재료의 예로는 2005년에 소개된 보잉 787 드림라이너 항공기의 경우 주로 탄소-에폭시 라미네이트laminate로 구성된 복합 재료가 비행기 동체에 최초로 50% 이상 사용되었다. 이 복합 재료의 사용으로 동체가 가벼워져서 약 20%의 연비 개선과 함께 운항 거리가 길어지고 소음과 활용 공간도 개선되는 효과를 가져왔다. 다른 구조용 복합 재료인 샌드위치 패널의 경우도 특정한 코어 재료를 외피 판이 감싸는 샌드위치 구조를 이루면서 기계적 힘이 들어올 때 완충 작용을 통해 보호하는 역할을 하는데 다양한 금속과 폴리머 재료의 조합이 가능해서 활용도가 높다. 스키, 비행기 날개, 자동차 짐칸 바닥재 등 가벼우면서 기계적 강도를 유지하는 용도로 폭넓게 쓰이고 있다.

정보 시대의 핵심, 반도체 소재

반도체는 앞서 설명한 것처럼 부도체에 일정 이상의 전기 에너지를 가하면 전기가 흐르는 도체로 바뀌는 부도체와 전도체의 중간 개념의 소재이다. 필요로 하는 일정 이상의 전기 에너지

반도체 재료 분류		소재 예시	응용 반도체 소자
단일 원소 반도체		Si, Ge	트랜지스터, 다이오드, 태양 전지
화합물 반도체	3-5족	GaAs, GaN, InP	트랜지스터, 다이오드, 태양 전지, LED
	2-6족	ZnS, CdS, ZnTe	태양 전지, LED
산화물 반도체		ZnO, TiO$_2$	트랜지스터, 광촉매, 센서
할라이드 반도체		CsPbBr$_3$, MAPbI$_3$	태양 전지, LED, 광검출기
유기 반도체		PCBM, 펜타센	트랜지스터

주기율표 원소 배열

2족	3족	4족	5족	6족
	B	C	N	
	Al	Si	P	S
Zn	Ga	Ge	As	Se
Cd	In		Sb	Te

● 다양한 반도체 소재와 대표 응용 소자

는 곧 반도체 소재가 가지고 있는 에너지 밴드 갭에 해당하는 에너지보다 더 많은 전기 에너지를 가해야 한다는 의미이다. 금속과 같은 전도체는 이러한 밴드 갭이 없어서 전기가 잘 흐르고 부도체는 밴드 갭이 매우 커서 전기를 흐르게 하기 어렵다.

반도체는 보통 메모리나 비메모리 반도체 칩chip 부품, 즉 집적 회로IC, integrated circuit 칩을 의미하는데 이 반도체 칩 내에는 수많은 트랜지스터나 다이오드 같은 특정한 반도체 소자들이 좁은 공간에 집적되어 들어가 있어서 집적 회로라고 한다. 따라서 조금 헷갈리게도 반도체는 재료를 뜻하는데 반도체 칩(IC 칩)도 반도체, 트랜지스터, 다이오드 같은 반도체 소자device도 반도체라고 통상적으로 부르고 있다. 대표적인 반도체 소자인 트랜지스터와 다이오드의 원리는 8장에서 설명했다.

반도체 소재는 단지 반도체 소자나 칩에만 사용되는 것이 아니라 다른 부품들, 즉 태양 전지, LED, 광 검출기photodetector(빛을 감지해서 전기 시그널로 바꾸는 빛 센서), 레이저laser 등, 에너지 밴드 갭을 이용하는 소자에 광범위하게 이용된다. 실제로는 이러한 부품들이 모두 포함되어 반도체 소자라 부른다. 다양한 응용 소자에 같은 반도체 소재가 사용될 수는 없어서 소재의 성분을 바꾸고 새로운 공정 기술을 도입하여 현재에는 새롭게 개발된 무수히 많은 반도체 소재가 존재한다.

주로 에너지 밴드 갭의 조절, 전자가 소재 내에 이동하는 속도, 전자가 재결합 등으로 사라지는 정도, 빛을 흡수하는 능력 등 다양한 요인을 고려하여 개발이 진행된다. 예를 들어 IC 칩에 쓰이는 소재와 태양 전지에 요구되는 소재의 특성이 같을 수는 없다. 왜냐하면 IC 칩 소자에서는 전자의 농도, 이동도 등이 중요하지만 태양 전지에서는 소재 내에서 빛을 흡수하는 능력, 전자의 수명 등이 중요하기 때문이다. 결국 각 응용 소자에 따라 가장 최적의 반도체 소재를 찾아내야 한다.

반도체 특성은 19세기 말에서 20세기 초에 걸쳐 황화 은 (Ag₂S), 황화 납(PbS), 안티몬화 아연(ZnSb) 같은 화합물에서 우연히 발견된 이상한 전기적 현상을 이해하기 위해 진행된 연구의 결과물이다. 1874년 독일 물리학자 브라운Karl Ferdinand Braun에 의해 황화납 다이오드 소자에서 교류를 직류로 바꿀 수 있는 정류 작용rectifying behavior이 최초로 보고되었고, 후에 1947년 미국 벨 연구소의 쇼클리William Shockley에 의해 특정한 전압 이상에서 전류가 발생되어 증폭이 가능한 트랜지스터가 소개되었다.

1950년대에 들어서 비로소 실리콘(Si : 규소)을 기반으로 하는 집적 회로가 발표되어 현재의 반도체 칩의 기원을 이루게 된다. Si는 앞서 소개된 대로 지구 지각에 존재하는 두 번째로 풍부한 소재이며 운이 좋게도 반도체 특성을 가지고 있어서 활용 가치가 매우 크다. 20세기 후반부터 실리콘 시대silicon age(디지털 시대digital age 혹은 정보화 시대information age라고도 한다)라 하는데 실리콘 반도체의 개발과 함께 새로운 응용 분야로의 활용이 본격화되는 시기를 말한다. 결국 실리콘 반도체를 기반으로 하는 개인용 컴퓨터의 범용화가 정보화 시대를 열게 된다. 미국 샌타클래라Santa Clara 도시 주위에 실리콘밸리Silicon Valley라 칭하는 지역이 생기는데 실리콘을 기반으로 하는 반도체의 출현으로 인해 인텔, 애플, 구글 등 수많은 IT 기업의 탄생과 성장이 이곳을 중심으로 일어나게 된다.

반도체 소재는 단일 원소 반도체인 실리콘, 게르마늄(Ge)

을 중심으로 연구가 시작되었지만 이후 다양한 화합물 반도체가 등장하게 된다. 주기율표상의 3-5족 반도체(GaAs, InSb 등)와 2-6족 반도체(ZnS, CdS, ZnTe 등)라고 불리는 화합물이 있다. LED 등에 주로 쓰이는 질화 칼륨(GaN), 인화 인듐(InP)계 반도체는 주로 3-5족 반도체에 속한다. 밴드 갭이 넓은 각종 산화물 반도체(ZnO, WO_3 등)부터 차세대 태양 전지와 광 검출기를 위해 최근 활발히 연구되고 있는 페로브스카이트 구조의 할라이드halide계 반도체($CsPbBr_3$, $MAPbI_3$ 등, 여기에서 MA는 methylammonium)도 있다. 폴리머에도 반도체 소재가 존재하는데 OLEDorganic LED나 유기 트랜지스터에 작용될 수 있는 PCBMphenyl-C61-butyric acid methyl ester, 펜타센pentacene과 같은 비정질 고분자 필름과 폴리카보네이트polycarbonate에서 도핑해서 얻어지는 고분자 소재 등이 쓰이고 있다.

보이지 않는 과학, 나노 소재

나노 스케일은 1에서 100nm(10^{-9}~10^{-7}m)에 해당하는 매우 작은 크기를 의미하는데 약 30년 전부터 나노 스케일을 갖는 특수한 소재에 대한 활발한 연구가 진행되고 있다. 초미세 먼지 크기가 2500nm이니 나노 스케일의 규모를 짐작할 수 있다. 나노 소재가 주목받는 이유는 나노 스케일 이상의 샘플에서 얻지 못했

7. 한계를 넘는 소재의 발견

던 특성들이 나노 스케일의 경우 얻기 때문이다. 예를 들어 입자 크기가 나노 스케일이 되면 입자의 표면적이 넓어진다. 다른 물질과 입자 표면에서의 반응이 필요한 경우 그 면적이 급격히 늘어나서 반응성을 획기적으로 늘릴 수 있다. 만약 반도체 소자가 나노 스케일로 적용된다면 같은 면적에 더 많은 소자를 넣을 수 있다. 더 많은 소자를 넣을 수 있으면 작은 면적에 더 많은 기능을 담을 수 있어서 전체적으로 전자 제품의 부피를 줄이는 효과를 가져온다.

우리가 사용하는 스마트폰 같은 전자 제품이 더 얇아지고 가벼워지고 전기의 소모를 줄이는 효과가 소자의 스케일과 긴밀히 연관되어 있다. 아마 영화에서 나노 로봇이 제작되어 인체에 직접 삽입하여 이상한 점을 감지하거나 대신 수술하는 것을 보았을 텐데 나노 소재를 이용하여 이러한 소자의 제작이 가능해졌다. 여러 가지 형태의 나노 소재가 연구 개발되고 있는데 나노 입자, 나노 파이버nano fiber, 나노 튜브nano tube, 나노 와이어nano wire, 나노 시트nano sheet, 나노 리본nano ribbon, 나노 폼nano foam 등이 있다.

나노 소재는 저차원 소재라고도 하는데, 즉 0차원, 1차원, 2차원 소재라고 불린다. 3차원 소재가 우리가 생각하는 대부분의 소재로 x, y, z 방향으로 모두 확장할 수 있는 물질을 말한다. 많이 알려진 그래핀graphene(원자 두께의 탄소로 이루어진 매우 얇은 막으로 높은 전기 전도도를 갖는 물질)처럼 원자층으로 이루어진 매우 얇

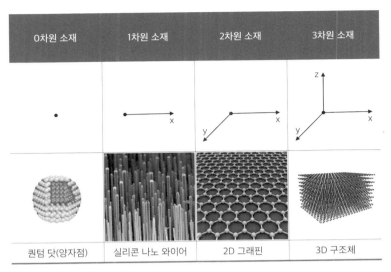

0차원 소재	1차원 소재	2차원 소재	3차원 소재
퀀텀 닷(양자점)	실리콘 나노 와이어	2D 그래핀	3D 구조체

● 0, 1, 2차원 나노 소재와 3차원 소재

은 소재의 경우 두께와 방향을 고려하지 않고 x-y 평면만을 고려 한다고 해서 2차원two-dimension(2D) 소재라고 부른다. 매우 작은 구형의 나노 입자나 퀀텀 닷quantum dot(양자점 : 양자 효과를 갖는 수 나노미터의 매우 작은 입자)은 점과 같은 형태로 x, y, z, 3방향으로 확장되지 않는다고 하여 0차원 소재라고 한다. 또한 나노 와이어 의 경우는 한 방향으로만 늘어날 수 있다고 가정해서 1차원 소재 라 한다.

모든 소재를 나노 스케일로 제작할 수 있는 것은 아니고 새 로운 합성이나 공정 기술의 개발이 뒤따라야 한다. 나노 스케일을 얻기 위해서는 특별한 제조 공정이 필요한데 소재가 성장할 수 있

7. 한계를 넘는 소재의 발견

는 기회를 주면 나노 스케일을 벗어나 커지므로, 대개 순간적으로 높은 에너지를 가해서 원하는 물질만 형성하고 성장할 수 있는 에너지나 시간을 없애는 공정 조건이 필요하다. 나노 소재의 문제점은 너무 작은 스케일로 인해 안전 문제가 따른다는 점이다. 초미세 먼지보다도 25배 정도 작으므로 쉽게 날릴 수 있어서 호흡기 흡입, 불순물 관리, 세척 등의 이슈를 안고 있다.

실제 많은 전자 디바이스에서 부품 사이즈를 줄이기 위한 노력으로 나노 스케일의 공정을 도입하거나 세라믹, 금속 기반 나노 입자를 사용하고 있다. 나노 입자인 산화 세륨(CeO_2, 세리아ceria)은 반도체 공정 중에 웨이퍼를 초미세로 매끈하게 하는 데 사용하는 매우 중요한 연마제로 사용되고 있으며, 티탄산 바륨($BaTiO_3$) 나노 입자는 커패시터 소자의 한 종류인 초고용량의 매우 작은 적층형 세라믹 콘덴서ultilayer ceramic capacitor(MLCC로 소개되는 전기차, 핸드폰에 매우 중요한 전자 부품)를 제조하는 데 반드시 필요한 소재가 되었다. 아마도 퀀텀 닷도 우리가 들어 본 나노 입자 적용의 한 예일 텐데 수 나노 스케일의 반도체 입자로 입자 크기에 따라 빛을 발광luminescence하는 파장이 변해서 모든 무지개색을 구현할 수 있는데 광학 소자, 디스플레이, 바이오 분야에 널리 응용되고 있다. 또한 반도체 칩에서는 나노 스케일의 초고집적 회로 선 폭을 확보하기 위해 나노 와이어나 나노 시트 형태의 소재와 패키징 공정 기술이 활발히 연구되고 있다.

앞서 설명한 대로 나노 복합체nanocomposite도 중요한 소재로 강조되고 있는데 주로 폴리머 매트릭스상에 나노 스케일의 입자가 분산된 형태를 말한다. 탄소 나노 튜브, 그래핀, 세라믹 나노 입자, 나노 섬유 등의 다양한 소재가 활발히 연구되고 있다. 비교적 공정에 비용이 많이 든다는 공정상의 이슈만 해결된다면 기존의 성능을 뛰어넘는 복합체 소재들의 탄생이 가능할 것으로 기대하고 있다.

다양한 변신, 탄소 소재

탄소로 이루어진 소재는 다이아몬드, 흑연부터 탄소 섬유, 탄소 나노 튜브, 그래핀 등 다양한 구조와 형태가 존재한다. 탄소 소재만 별도의 분류가 필요한 이유는 매우 독특한 성질을 가지고 있어서 지금까지 없었던 응용이 가능하기 때문이다. 다이아몬드는 우리가 아는 바와 같이 높은 굴절률과 광학적 광택이 매우 뛰어나고 원자 간의 강력한 결합으로 경도가 가장 큰 재료이다. 희귀한 광물로 존재 가치가 매우 높아서 인공적으로 합성하는 기술이 1950년대부터 개발되어 저급 보석이나 공업용 다이아몬드로 절삭 공구나 연마재 등에 사용되고 있다.

반면 흑연은 연필심에서 보는 것처럼 불투명한 검은색을 띠며 전기 전도도가 매우 높은데 층상의 구조를 가지고 있고 수직, 수평 방향에 따라서 특성이 변하는 이방성anisotropy 성질을 가

141

지고 있다. 층 간의 결합은 약해서 다이아몬드와 다르게 매우 약한 결합을 가지고 있다. 흑연은 연필심 이외에도 배터리 전극 재료, 발열체, 단열재 등 다양하게 활용되고 있다.

그래핀은 흑연의 육각형 탄소 원자들이 단일 원자층으로 구성되어 있고 매우 강한 결합을 가지고 있으면서도 유연성이 뛰어나고 투명한 성질을 가지고 있다. 초기 그래핀은 원자층 간의 결합이 매우 약해서 일반 접착 테이프를 붙였다 떼었다 하는 단순 박리 과정을 통해 얻어졌다. 최근에는 화학적 증착법이 개발되어 다양한 형태로 제작한다. 강도가 세고 열전도율, 전기 전도도가 매우 높아서 전기 전도체로 전자, 에너지, 항공, 바이오 분야 등에서 다양한 활용이 가능하므로 가장 유망한 미래 소재이다.

탄소 섬유는 직경이 작은 고강도 고탄성 계수의 섬유로 복합 재료에서 소개된 바와 같이 가벼우면서 강도가 매우 높은 경우에 사용되는데 가격이 높아서 광범위하게 활용되는 데 걸림돌이 된다. 예를 들어 카본 프레임 자전거의 경우 가벼우나 비싸서 대중적으로 사용되기에는 제한이 따른다. 자동차나 항공기의 몸체에도 더 광범위한 활용이 기대된다.

탄소 섬유 내에서 탄소는 그래핀층을 형성하지만 제조하는 조건에 따라 그래핀층의 배열이 다르게 나타난다. 흑연 탄소 섬유 graphitic carbon fiber의 경우는 그래핀층이 규칙적으로 배열하나 불규칙해지면 터보스트라틱 탄소turbostratic carbon라 불리는 구조가 얻어지게 된다. 섬유의 길이 방향으로 강도와 탄성 등 기계적 특

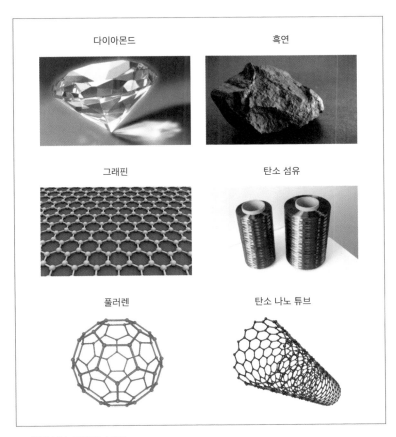

다이아몬드 흑연

그래핀 탄소 섬유

풀러렌 탄소 나노 튜브

● 다양한 탄소 기반의 소재들

성이 매우 우수하여 복합체로서 응용 범위가 더욱 확대되고 있다.

    나노 스케일 카본에는 그래핀 이외에도 풀러렌fullerene과 탄소 나노 튜브가 있다. 풀러렌은 1985년에 소개된 60개의 탄소로 이루어진 단위 분자(C_{60})로 구성된 속이 빈 구형 클러스터

7. 한계를 넘는 소재의 발견

cluster로 존재한다. 각 분자는 20개의 탄소 육각형과 12개의 탄소 오각형의 조합으로 이루어져 있는데 마치 축구공 같은 대칭을 가지고 있다. 탄소 구형 클러스터 내에 원자들을 위치시키거나 외부에 이온이나 원자들을 부착함으로써 다양한 풀러렌 재료가 개발되고 있다. 우수한 화학적·생화학적 특성으로 촉매, 바이오 약품 등에 활용이 기대된다.

탄소 나노 튜브는 수백만 개의 탄소 원자로 구성된 튜브 형태의 탄소 소재를 말한다. 단일벽 탄소 나노 튜브single-walled CNT와 다중벽 탄소 나노 튜브multi-walled CNT로 분류된다. 탄소 나노 튜브는 탄소 섬유에 비례하여 늘어나는 강도가 약 10배 이상 높아서 구조 재료로서 적용이 기대되고 전기 전도도가 우수하여 고집적 회로에 사용되거나 특히 전기를 가했을 때 외부로 전자의 방출이 쉽게 일어나서 특정한 디스플레이 소자로서도 활발히 연구되고 있다.

반응하는 소재의 세계

8. 전기에 반응하는 소재

외부에서 가해지는 일정한 자극, 즉 전기, 빛, 열, 힘이 주어졌을 때 소재가 어떻게 반응하는지 좀 더 구체적으로 소개하고자 한다. 이 특정한 반응을 이용하여 다양한 첨단 제품의 개발이 이루어지는데, 가장 우수한 반응을 가진 소재가 가장 신기한 소재이며 미래에 활용 가치가 큰 소재가 될 수 있다. 우선 소재에 전기(장)를 가했을 때 일어나는 현상을 소개하고 그 활용에 대해 알아보자.

□
　□
　□
　□
　□

　　재료 과학이라는 분야는 외부에서 전기, 빛, 열, 힘 같은 자극이 들어왔을 때 고체 재료에서 일어나는 반응을 주로 연구하는 학문이라고 소개했는데, 아직 그 반응에 대해서 다루지 못했다. 우리 주변의 제품은 이러한 반응을 이용해서 최적의 소재를 찾아내고 이를 근거로 만들어진 부품들을 조합한 결과물이다. 또한 이 반응에 대한 논리적인 이해가 현대 과학의 발전과 함께 일어났는데 고체 물리 혹은 재료 과학이라는 학문 분야의 전개와 함께 진행되고 있었다.

　　이 장에서 다루게 될 특정한 소재에 전기(장)를 가했을 때 어떤 반응이 일어나는지에 대한 본격적인 의문은 19세기 초, 전기electricity를 생산할 수 있는 체계적인 방법을 찾아내면서 시작되었다. 1800년 볼타Alessandro Volta에 의한 구리와 아연판을 이용한 볼타 전지의 등장과 1821년 패러데이에 의한 전기 모터의 발명이 중요한 시금석이다.

스마트폰과 TV 같은 모든 전자 제품은 전원을 켬으로써 전기가 제공되고 작동을 시작한다. 전기(장)는 우리가 사용하는 1.5V 배터리가 될 수도 있고 벽면 콘센트에서 제공되는 220V 전원이 될 수도 있다. 전자 회로의 금속 배선을 통해 전기가 흐르는데 금속이 아닌 전자 부품에 도달하면 우리가 잘 모르는 특정한 기능이 작동하게 된다. 이 기능은 단지 전기를 흐르게 하는 역할이 아니다. 핸드폰이나 컴퓨터 회로 기판에 보이는 많은 부품을 구성하는 소재들에 전기가 들어왔을 때 특정한 반응을 하는데, 순간적으로 전기를 저장하거나 전력을 증폭하는 등의 역할을 한다. 반도체, 콘덴서, 저항기, 디스플레이 같은 여러 전자 부품의 기능을 생각하면 된다.

금속이 전기를 흐르게 하는 역할을 한다는 것은 오래전부터 알았지만 전기가 통하지 않는 반도체나 절연체(세라믹이나 폴리머 같은)에서의 반응은 불과 지난 십수 년 이내에 현대 과학의 발전과 함께 이해하게 된 것이다. 금속과 달리 전기가 통하지 않는 소재에도 전기가 들어오면 어떤 일이 일어나는지 이해하고, 어떤 디바이스에서 활용이 가능한지 대표적인 예와 함께 살펴보자.

전기가 흐르는 경우

우리는 상식적으로 금속은 전기가 잘 흐른다는 것을 알고 있다. 전기가 흐른다는 것은 무엇을 의미할까. 일단 외부에서 전기를 제공해야 하는데 금속 막대 양쪽 끝단에 배터리를 연결하여 전기장을 가하는 경우를 생각해 보자. 금속에서 전기가 흐른다는 개념은 앞에서 설명한 자유 전자가 존재하는 금속 결합에서 일정한 방향으로 전자들이 이동하는 것을 의미한다. 전자는 음전하를 가지고 있어서 가해진 전기장이 양극 방향으로 흐른다면 전자는 반대 방향으로 끌리게 된다. 전기의 흐름은 전기 전도도[$(\Omega m)^{-1}$: 전기 비저항electrical resistivity의 역수, Ω(옴)은 저항의 단위]로 표시하는데 전기장을 가한 상태에서 주어진 거리와 면적에 지나간 전자의 수를 의미한다. 이 전자의 수가 전류를 의미한다. 전류는 옴의 법칙Ohm's law(전압voltage=전류×저항resistance)이라 하여 전압과 저항 사이에 간단한 상관 관계가 존재한다. 즉, 전압을 높이거나 저항을 낮출 수 있다면 흐르는 전자의 수를 증가시킬 수 있다.

앞서 소개한 바와 같이 전기 전도도의 값에 따라 전도체, 반도체, 부도체(절연체)로 재료를 분류하기도 한다. 전도체는 보통 전기 전도도가 $10^7(\Omega m)^{-1}$ 이상의 전기 전도도, 부도체의 경우는 $10^{-10} \sim 10^{-20}(\Omega m)^{-1}$의 전도도, 반도체는 그 중간값인 $10^{-6} \sim 10^4(\Omega m)^{-1}$을 가진다. 따라서 전기적 성질은 외부에 의해 가해진 전기장에 따라 전기의 흐름이 발생할 때의 특성을 의미한다. 전기의 흐름은 금속, 반도체에서처럼 주로 전자에 의해 발생하지만 세라믹같이 이온의 전도에 의한 것도 있다.

신기하게도 같은 전기장하에서 금속 물질의 선택에 따라

8. 전기에 반응하는 소재

지나간 전자의 수는 다르다. 예를 들어 구리(Cu)의 전기 전도도는 $6 \times 10^7 (\Omega m)^{-1}$여서 다른 금속인 알루미늄(Al), 텅스텐(W)에 비하여 훨씬 큰 값을 가진다. 따라서 비교적 저렴한 Cu 전극이 회로 기판의 회로선으로 많이 이용된다. 금속마다 전도도가 다른 이유는 전기장이 가해졌을 때 원자 안에 있는 모든 전자가 전기 전도에 참여하지 않아서인데, 에너지 준위에서 전자의 배열과 분포에 따라 달라지기 때문이다.

외부 전기장하에서 여기된 전자는 전기장 반대 방향으로 가속되어 전류가 발생하는 과정에서 재료 내부의 저항에도 직면한다. 온도에 따라 움직이지 않는 원자들도 진동하므로 흐르는 자유 전자들과 충돌이 일어나서 전도를 방해하는데 이를 산란 scattering이라고 한다. 이 산란 효과는 불순물이나 결함을 통해 조절할 수 있고 재료마다 산란하는 정도가 다르다. 예를 들어 가벼운 금속 원자가 더 크게 진동하므로 진동 폭이 커지면 전자와 충돌할 확률이 높아져서 산란 효과가 증가한다. 소재마다 전기 전도도가 다른 이유는 앞서 설명한 에너지 준위에 따라 참여하는 전자 수와 산란 효과가 각기 다르기 때문이며, 이 두 가지 원인으로 최종 전기 전도도가 정해진다고 이해해도 좋다.

앞서 4장에서 전자가 위치할 수 있는 에너지 준위에 따라 에너지 밴드가 형성되는 과정을 설명하였다. 각 재료의 전기 전도도는 실제 결합이 일어나는 원자 간 평형 거리에서 얻어지는 에너지 밴드 구조에서 가전자대의 최대 에너지와 전도대의 최소 에너지의 차이인 에너지 밴드 갭과 관련되어 있다. 금속에서는 에너지 밴드 갭이 존재하지 않지만 전도에 참여하는 자유 전자를 형성하기 위해서는 더 높은 빈 에너지 준위로 전자를 여기시키기 위해 적은 양이라도 에너지가 필요하다. 금속에서는 작은 외부 전기장도 이 역할을 하기에 충분하다.

하지만 반도체에서 전기가 흐르게 하기 위해서는 낮은 에너지 준위의 가전도대에 있는 전자를 높은 에너지 준위의 전도대로 여기시켜야 한다. 이때 외부에서 가해진 전기장이 최소한 밴드 갭에 해당하는 에너지를 공급하여 전자를 올려 주는 역할을 하는데 금속보다 더 큰 에너지를 필요로 한다. 이 에너지는 외부 전기장 이외에도 열이나 빛에 의해서도 공급이 가능하다. 부도체가 반

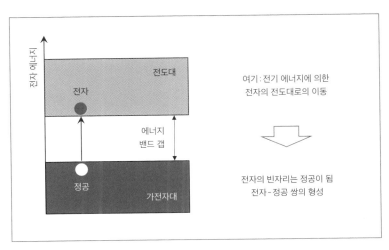

● 반도체에서 전기 에너지에 의해 전자가 여기되는 과정

8. 전기에 반응하는 소재

도체보다 이 밴드 갭이 더 크므로 전도를 위해서는 더 큰 에너지가 필요하다.

일반적으로 반도체는 공유 결합을 하고 있어서 이온 결합의 세라믹보다 전자의 결합력이 낮아서 비교적 적은 에너지로도 여기가 가능하다. 여기 과정이 일어날 때 가전자대의 원래 전자 자리에는 정공hole이 생성되어 실제로는 전자와 정공의 쌍electron-hole pair이 형성된다. 정공은 음전하인 전자의 빈자리이므로 양전하 역할을 하여 전자와 전기적으로 중성을 유지한다. 따라서 반도체에서 전기가 흐르기 위해서는 에너지 밴드 갭을 고려한 충분한 전기 에너지가 외부에서 공급되어야 하고, 여기된 전자는 전도대를 따라서 금속에서처럼 자유롭게 전기 전도에 참여하게 된다.

반도체에서 전기의 흐름

반도체의 전기적 성질에 대해서는 좀 더 자세한 설명이 필요하다. 금속은 전기가 잘 통하고 세라믹은 전기가 통하지 않으므로 전자 회로에서 전기가 흐르기 위해서는 금속을, 절연이 필요하면 세라믹 소재를 선택한다. 반도체는 좀 복잡한데 우리가 알고 있는 고성능의 반도체 칩(혹은 소자)을 이해하기 위해서는 소재의 특성을 어떻게 조절하는지 그 원리를 알아야 한다. 가장 먼저 최소한으로 적은 전기를 쓰면서 전도에 참여하는 전자의 수를 얼마나 최대화할 수 있을까, 하는 생각에서부터 시작해야 한다. 적은 전기를 쓴다는 것은 그만큼 배터리 소모량을 줄일 수 있다는 의미이다.

  우리가 언론에서 자주 접하는 반도체 칩은 주로 실리콘 소재를 기반으로 하는 성능이 우수한 반도체 소재의 특성을 활용한다. 전도대의 전자의 수를 적은 전기 에너지로 늘리는 방법으로 도핑을 사용한다. 도핑은 특정한 원소를 아주 소량 추가하는 과정을 말하는데 이는 전기를 흐르게 하는 최소 전압을 낮출 수 있고 흐름에 참여하는 전자의 수를 급격히 늘릴 수 있다. 결국 전자 제품을 작동하는 배터리의 소모를 줄이는 것과 직접 관련이 있다. 실제 어떤 도핑 물질을 선택하고 적절한 공정을 통해 이런 반도체 소재를 확보하느냐가 매우 중요하다.

  이렇게 외부의 적은 불순물이 도핑되는 경우 외인성 반도체extrinsic semiconductor라 하고 도핑을 하지 않은 순수한 실리콘(Si)의 경우 진성 반도체intrinsic semiconductor라 한다. 외인성 반도체에는 2가지 종류가 존재하는데 먼저 최외각 에너지 준위에 4개의 전자를 가진 Si 원자에 5개의 전자를 가지고 있는 인(P), 비소(As), 안티모니(Sb)를 불순물로 도핑하는 경우를 생각해 보자. 도핑으로 추가된 전자 하나는 약한 정전기적 인력electrostatic attraction에 의해 불순물 주위에 느슨하게 결합된다. 이 전자의 결합 에너지는 Si의 에너지 밴드 갭(1.1eV)에 비해 0.03eV로 매우 낮아서 쉽게 여기하므로 전도에 참여할 수 있다. 따라서 도핑에 의

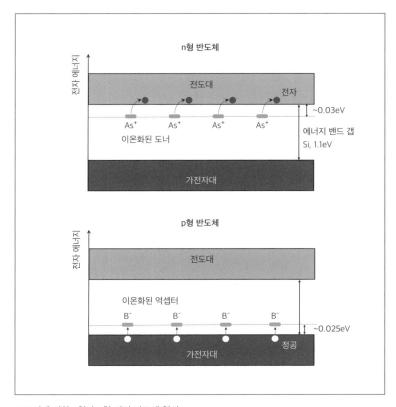

n형 반도체

전자 에너지

전도대

전자

~0.03eV

As⁺ As⁺ As⁺ As⁺

이온화된 도너

에너지 밴드 갭
Si, 1.1eV

가전자대

p형 반도체

전자 에너지

전도대

이온화된 억셉터

B⁻ B⁻ B⁻ B⁻

~0.025eV

가전자대 정공

● 도핑에 의한 n형과 p형 외인 반도체 형성

해 상온에서도 적은 외부 에너지에 의해 여기를 통해 전자대의 전
자 수를 크게 증가시킬 수 있다. 이를 n형 반도체라 하고 이와 같
이 전자를 주는 불순물을 도너donor라고 부른다. n형 반도체에서
는 도너에 의해 여기된 많은 전자로 인해 전자의 농도가 정공의
농도보다 매우 크다.

반면 p형 반도체의 경우 알루미늄(Al), 붕소(B), 갈륨(Ga) 같은 3개의 전자를 가진 원소를 도핑하면 전자가 하나 결핍되는데, 이것이 정공으로 역할하게 되어 마찬가지로 가전자대 위의 낮은 불순물 에너지로 전자는 여기되고 남아 있는 정공이 가전자대에 많이 생기게 된다. 이때의 불순물을 억셉터acceptor라 한다. p형 반도체에서는 정공의 농도가 매우 높고 상대적으로 전자의 농도는 낮은 경우를 의미한다.

반도체에서 전기 전도도는 이와 같이 전자나 정공의 양에 크게 의존한다. 도핑으로 형성된 n형과 p형 반도체인 경우 전기 전도도가 매우 높아지고 낮은 외부 전기장에 매우 민감하게 반응한다. 이 외에도 전자의 이동도mobility도 중요한데 앞서 설명한 대로 소재의 선택에 따라 산란 현상 같은 방해를 받지 않고 전자가 얼마나 효과적으로 이동하느냐가 중요하다.

반도체 소재를 이용하는 디바이스

우리가 흔히 알고 있는 반도체 칩은 집적 회로 소자로서 한정된 공간 안에 얼마나 더 많은 소자를 집어넣을 수 있느냐가 관건이다. 많이 넣기 위해서는 더욱 성능이 좋은 트랜지스터/다이오드 소자, 더 좁은 소자 간의 거리, 더 치밀한 소자 내의 회로 간격, 이에 따른 세밀한 제조 공정 기술, 하나의 칩으로 만드는 패

8. 전기에 반응하는 소재

키징(집적화를 위한 소자 공정 프로세스) 기술의 확보가 매우 중요하다.

　　잘 알려진 무어Gordon Moore(인텔 설립자)의 법칙은 18개월마다 같은 면적에 들어가는 트랜지스터의 수가 2배씩 증가한다는 변화를 예측한 것인데, 최근의 초고집적ULSI, ultra-large-scale integration 회로의 경우는 수억 개의 트랜지스터가 단일 집적 회로에 들어가므로 이미 그 예상을 뛰어넘는 진보가 이루어지고 있는 셈이다. 현재 언론에서 보도되는 3나노(3nm를 의미) 반도체, 2나노 반도체 같은 말들은 이러한 집적도를 상징하기 위해 사용되는데 일반적으로 회로에서 선 폭line width의 스케일을 의미한다. 이 선 폭이 더 작아질수록 더 많은 소자의 집적이 가능하고 결국 더 작은 반도체를 한 번에 많이 만들 수 있으므로 생산 비용의 효율성과도 직결된다.

　　하지만 선 폭이 작아질수록 새로운 소재, 소자 구조와 혁신적인 제조 방법이 필요하다. 더 적은 소비 전력 소모와 연결되므로 결국 최첨단 기술력의 상징으로 인식되고 있다. 머리카락 굵기가 10000nm 정도이고 박테리아 크기가 보통 9nm, DNA 직경이 약 2nm이니 3나노, 2나노 반도체가 얼마나 작은 규모인지 실감할 것이다. 실리콘(Si) 원자 하나의 크기가 약 0.2nm이므로 이미 한계에 가까워지고 있는지도 모르겠다. 물론 3나노, 2나노 반도체가 소재 자체의 크기와 직접적인 연관성이 있는 것은 아니다. 이와 같은 스케일 다운의 한계 때문에 단지 반도체 소자 구조와 패키징 공정에 의존하지 않는, 새로운 조성의 설계에서 시작되는 더 진보된 반도체 소재가 필요하다.

이제 집적 회로 소자를 구성하는 기본 디바이스 단위인 트랜지스터transistor와 다이오드diode의 작동 원리를 간단히 소개해보자. 오랜 시간이 걸렸지만 과학자들이 반도체의 원리를 처음 발견한 이후 기존에 존재하지 않았던 신기한 소자를 고안해 내는데, 바로 전기장을 가했을 때 전자의 흐름을 원하는 한쪽 방향으로만 흐르게 하는 역할을 하는 다이오드 소자와 전자의 수를 증가시켜서 전력 양을 증폭시키는 트랜지스터 소자이다.

먼저 다이오드는 그리스어로 두 개di의 경로ode라는 의미로 1919년 영국 물리학자 에클스William Henry Eccles에 의해 처음 쓰였으나 현상 자체는 그보다 훨씬 오래전에 진공관vacuum tube 실험에서 발견되었다. 1874년 독일 물리학자 브라운에 의해 두 금속 사이의 미네랄 물질에서 전기 흐름이 한쪽 방향으로만 잘 흐르는 것이 발견되어 반도체 최초의 소자인 다이오드 현상을 알게 되었다.

현재 쓰이고 있는 다이오드 소자는 주로 실리콘(Si), 게르마늄(Ge), 갈륨비소(GaAs)를 사용해서 제작되는데 대개 앞서 소개한 p형 반도체와 n형 반도체가 접합을 이루어 두 반도체 간 경계면에서의 반응을 이용하는 p-n 접합 소자로 구성되어 있다. 그렇다면 왜 이런 다른 유형의 반도체 간 접합을 통해 한쪽 방향으로만 전류가 흐르게 되는 것일까.

8. 전기에 반응하는 소재

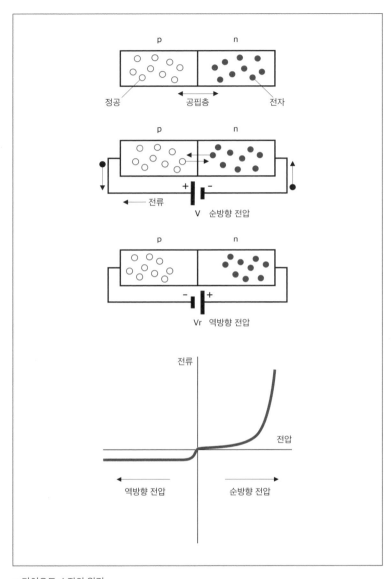

● 다이오드 소자의 원리

n형 반도체에서는 전자가 주요 전하majority carrier이고 p형 반도체에서는 정공이 주요 전하이다. 만약 이 두 반도체가 맞닿게 되면 접촉하는 경계면에서 확산에 의해 각 주요 전하가 서로 교차하여 순간적으로 이동하게 된다. 예를 들어 n형 반도체에는 전자가 많고 p형 반도체에는 전자가 적으므로 접촉 후 전자의 농도 차이에 의한 확산 반응에 의해 적은 농도를 갖는 p형 반도체로 이동하는 것이다.

확산 반응은 매우 빠르게 일어나지만 어느 정도 진행되면 전하의 이동은 멈추게 된다. 그 이유는 이동한 전하들에 의해 일종의 에너지 포텐셜(혹은 에너지 장벽)이 형성되기 때문이다. 전자는 음전하, 정공은 양전하를 가지고 있으므로 서로 반대 방향으로 이동하며 전위차가 발생하게 되고, 결국 전하 이동이 활발하게 일어났던 경계면에는 전자와 정공이 사라져서 전하가 결핍된 공핍층depletion layer이 형성되는 것이다.

따라서 다이오드의 원리는 이 에너지 장벽이 형성된 후 p-n 접합 구조에서 전기장을 순방향, 역방향 중 어느 쪽으로 걸어 주느냐에 따라 전자의 흐름이 결정된다. 예를 들어 순방향으로 걸어 주는 경우에만 전류가 흐르고 역방향으로는 전류가 제한적으로 발생하여 결국 한쪽으로만 전류가 흐르게 되는 것이다.

트랜지스터의 경우는 앞서 설명한 대로 독립적인 소자를 이루기도 하지만 집적 회로 내에 소형화된 수많은 트랜지스터가 내장되어 하나의 집적된 소자 형태로 사용된다. 트랜지스터는 전

159

8. 전기에 반응하는 소재

기 신호나 전력을 증폭하거나 스위칭 하는 기능을 담당하는데 보통 반도체 소재에 3개의 터미널을 형성하여 다른 회로에 연결되어 사용된다. 예를 들어 3개의 터미널 중 2개의 쌍에 전기장을 가하면 다른 조합의 2개의 터미널 쌍에 증폭된 전력이 나오는 원리를 이용한다.

트랜지스터 개념은 1925년 물리학자 릴리엔펠트Julius Edgar Lilienfeld에 의해 최초로 제안되었으며 1947년 벨 연구소의 바딘John Bardeen, 브래튼Walter Brattain, 쇼클리William Shockley에 의해 어떤 특정한 트랜지스터 구조point - contact transistor에서 실제로 구현되었으며, 이러한 업적으로 1956년 노벨 물리학상을 수상하게 된다.

현재까지도 활발히 쓰이는 금속 산화물 기반 전계 효과 트랜지스터MOSFET, metal oxide-semiconductor field effect transistor 역시 벨 연구소에서 1959년에 이르러서야 발명되었고 이후 파생된 다양

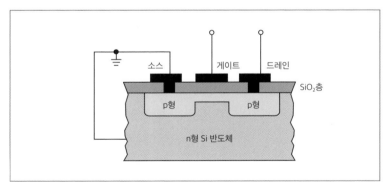

● 금속 산화물(SiO₂)을 이용한 전계 효과 트랜지스터 소자의 구조

한 트랜지스터 구조가 등장하게 된다. 성공적인 트랜지스터 상업화로 초창기 진공관을 대체함으로써 더 작은 라디오, 계산기, 컴퓨터의 생산으로 이어져 전자 산업의 혁신을 이루는 계기가 된다.

전계 효과 트랜지스터는 3개의 터미널이 각기 소스source, 드레인drain, 게이트gate 전극에 해당하며 전기장을 가하여 전류를 조절하며 전극의 명칭대로 소스를 통해 전류가 공급되면 게이트는 문 역할을 하여 전자의 이동 채널을 확보하고 드레인(배수라는 의미)을 통해 증폭된 파워를 갖게 된다. 이러한 트랜지스터의 성능은 채널을 형성하는 반도체 소재에 의해 좌우되는데 실리콘 소재를 기반으로 다양한 도핑을 통한 n형 혹은 p형 소재가 주로 사용되고 있다.

전계 효과 트랜지스터 외에 중요한 트랜지스터는 양극형 접합 트랜지스터bipolar junction transistor라고 하여 3개의 터미널을 각기 베이스base, 이미터emitter, 컬렉터collector로 지칭한다. 원리는 같아서 베이스와 이미터 사이에 흐르는 작은 전류가 이미터와 컬렉터 사이의 더 큰 전류로 증폭되거나 스위칭 역할을 하게 된다. p형 이미터와 n형 베이스 사이에 순방향 전압을 걸어 주면 이미터에서 정공이 베이스로 이동하는데 베이스의 두께가 매우 얇다면 전하 간 재결합 없이 베이스를 통과하여 컬렉터에 도달하게 된다. 이때 전하 양이 증가하므로 결국 전압 신호를 증폭하는 효과를 가져온다. 스위칭 소자로의 역할은 on/off 상태의 조절을 의미하고, 결국 이원적 코드인 0, 1의 상태에 해당하므로 연산 및 저

8. 전기에 반응하는 소재

장 매체로서 반도체 소자가 쓰이게 된다.

흐르지 않는 전기의 활용

앞에서 소개한 전기적 성질은 금속이나 반도체에 전기장을 가했을 때 전기가 흐르게 하는 데 초점이 맞춰져 있다면, 유전적dielectric 성질은 전기가 통하지 않는 비금속 절연체에 전기장을 가했을 때 어떤 반응이 일어나는지에 대한 재료의 특성을 말한다. 절연체인 우리 신체에도 전기를 가하면 감전을 느낄 때까지 아무 반응이 없다고 생각되지만 실제 신체 내부에서는 가해진 전기 에너지가 어떤 형태로든 쓰인다.

전기가 흐르지 않는다면 가해진 전기 에너지는 어떻게 쓰이는 것이며 이 성질은 왜 중요한가. 결론부터 말하면 전기가 흐른다는 개념의 반대는 전기가 흐르지 않는 것이므로 전하가 모여서 에너지가 저장된다고 생각하면 된다. 결국 전하가 흐르느냐 모이느냐의 차이로 설명할 수 있다. 유전적 성질은 전하가 모여서 저장되는 원리라고 생각해도 좋다. 즉, 커패시터(콘덴서라고도 하고 전기를 순간적으로 축적하는 소자를 말한다)의 기본적인 작동 원리가 된다.

세라믹은 전기가 흐르지 않는 절연체여서 금속같이 자유롭게 이동이 가능한 전자는 없지만 여전히 소재를 구성하는 모든 원

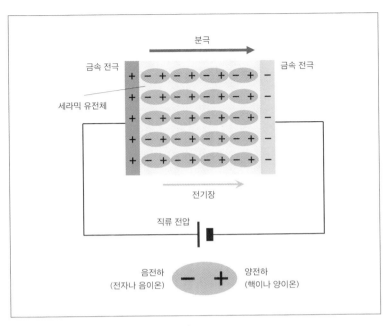

분극

금속 전극

금속 전극

세라믹 유전체

전기장

직류 전압

음전하
(전자나 음이온)

양전하
(핵이나 양이온)

● 부도체에 전기를 가했을 때 생기는 분극 현상

자에 핵과 전자가 존재하므로 전기장을 가하면 음전하인 전자는 전기장의 반대 방향으로 움직이면서(실제로는 위치만 약간 바뀌는 정도이다) 양전하의 핵과 전자 사이에 힘의 균형이 깨지며 음전하와 양전하 중심 사이에 분리가 일어난다. 이렇게 양전하와 음전하 간의 분리가 일어나는 현상을 분극polarization이라 하며 2개의 양극, 음극이 형성되므로 쌍극자dipole가 되었다고 한다. 분리가 일어나는 거리는 가해진 전기장의 세기에 의해 결정된다. 각 원자에서 형성된 쌍극자들이 인접한 쌍극자와 일렬로 나열하게 되고 결

8. 전기에 반응하는 소재

국 전극에 있는 자유 전자가 이 쌍극자 양전하에 의해 이동의 제한을 받는다. 이렇게 묶인 자유 전자들이 결국 고정되면서 흐르지 못하고 저장된 에너지 형태로 남게 된다.

쌍극자는 전자와 핵 간에도 일어나지만 이온 화합물의 경우 음이온과 양이온 사이에서도 일어난다. 즉, 에너지가 절연체 소재에서 저장되는 원리는 가해진 전기장에 의해 다양한 쌍극자 형성에 의해 좌우된다(전자와 핵 간, 이온 간 혹은 결함도 쌍극자 형성에 참여한다). 소재마다 이 분극이 일어나는 정도가 다른데 더 큰 분극이 일어나는 소재가 결국 더 많은 에너지를 저장하는 게 가능하다.

이와 같이 분극이 일어나는 정도는 유전 상수dielectric constant 혹은 relative permittivity라는 용어를 사용하여 나타낸다. 공기 중과 특정한 소재에서의 정전 용량capacitance density(단위 면적당 가해진 전기에 따른 축적되는 전하량)을 비교하는 것으로 유전 상수 단위는 없다. 단순히 유전 상수가 크면 전하를 축적할 수 있는 능력이 좋다는 것을 의미한다. 보통 세라믹에서는 유전 상수가 10에서 10^4까지 가질 수 있으며 폴리머의 경우는 대부분 5 이하의 값을 가진다. 공기의 유전 상수는 1이므로 어떤 소재의 유전 상수가 1000이라면 공기보다 1000배 더 많은 전하를 저장하는 게 가능하다는 의미이다.

또한 외부에서 가해진 모든 전기장이 쌍극자 형성에만 사용되는 것이 아니고 일부는 손실되는데 보통 열로 방출된다. 전기가 통하지 않는 절연체에 전기를 가했을 때 우리가 뜨겁다고 느끼는 이유이기도 하다. 핸드폰이 뜨겁다고 느낄 때 배터리 소모가 많다는 것을 알고 있는데, 이러한 절연 소재를 통해 지속적으로 열에너지로 소모되어서 그렇다.

분극이 크게 일어나는 특수한 소재를 개발하기 위해 오랜 시간 과학자들이 많은 노력을 기울여 왔고 현재도 진행 중이다. 신기하게도 유전 상수가 매우 큰 세라믹 소재가 존재해서 전자 제품의 소형화와 경량화, 다양한 기능을 부여하는 게 가능해졌다. 최근 스마트폰에는 이런 커패시터 소자가 수백 개, 전기 자동차 한 대에는 1만 개 이상이 필요하다. 페로브스카이트라는 결정 구조를 갖는 티탄산 바륨($BaTiO_3$) 같은 세라믹 화합물이 대표적으로 사용되고 있다.

이 양극과 음극을 만드는 분극 현상에서 파생된 신기한 현상들이 발견되었는데 대표적인 예로 압전성 piezoelectricity(piezo는 그리스어로 누른다press를 의미한다)과 초전성 pyroelectricity(pyro는 그리스어로 불을 의미한다)을 들 수 있다. 압전성은 piezo와 electricity의 합성어로 물리적 힘을 가하여 전기를 생산한다는 의미이다. 한 예로 라이터 돌에 힘을 가하면 스파크가 일어나는 것을 보게 되는데 라이터 돌이 압전 세라믹 소재이고 스파크가 전기 에너지이다. 역반응도 가능하여 전기 에너지를 가하면 기계적 압력이나 물리적 길이 변화를 가져오기도 한다. 카메라 줌 렌즈에서 플러스와 마이너스 버튼을 눌러서 가해지는 전기 에너지 방향을 바꾸면 압전 소재에서의 미세한 길이 변화로 렌즈의 초점을 정밀하게 조절할 수 있다.

보통 우수한 압전 소재[예로 $Pb(Zr,Ti)O_3$계 화합물을 들 수 있다]의 경우 1V를 가하면 약 0.5nm($1nm$는 $10^{-9}m$)의 샘플 길이의 증가를 가져온다. 이 압전성을 이용하여 미세한 움직임, 즉 지진이나 교각의 진동 등을 감지하여 전기 신호로 바꾸는 센서로도 사용된다. 또한 안경을 세척해 주는 초음파 세척기, 열을 이용하지 않는 진동형 초음파 가습기에도 쓰이고 있다. 잠수함 및 미사일 접근 감지 센서 등 군사용으로도 광범위하게 사용된다.

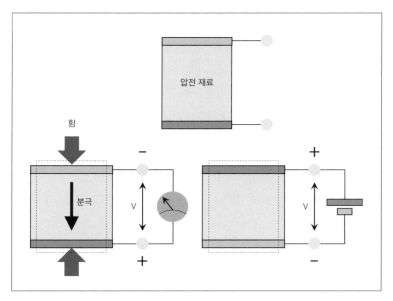

● 힘을 가하면 샘플 크기가 변화하는 압전 효과

초전성은 pyro와 electricity의 합성어로 온도 차이에 따라 전기를 생산하는 원리를 나타낸다. 영화에서 자주 나오는 어둠 속에서 멀리 있는 사람의 움직임을 확인하거나 침입 시 신체에서 복사되는 미세한 온도 변화를 감지할 수 있는 복사열 감지 센서로 주로 사용되는데 0.001℃의 미세한 온도 변화도 1cm의 초전성 센서를 통해 약 1.5V의 전기적 신호를 감지할 수 있다. 실제 이러한 유전적 성질을 이용한 매우 다양한 소자가 최근 개발되고 있고, 특히 센서 분야에서 사용되는 대부분 소재가 이처럼 특이한 반응을 전기적 신호로 바꾸어 사용하고 있다.

한편 세라믹에도 전기가 흐를 수 있다. 양이온과 음이온으로 이루어진 이온 화합물의 경우 외부에서 상대적으로 큰 전기장이 가해지면 이온이 확산 또는 이동하면서 전류가 흐른다. 배터리나 연료 전지fuel cell에서 사용되는 물질에서 이온 전도체가 광범위하게 활용되고 있다. 폴리머의 경우도 전도성 폴리머conducting polymer라 하여 금속에 준하는 전도성을 가지기도 하며 실제로 많이 사용되고 있다. 예를 들어 폴리아세틸렌polyacetylene계에서 도핑을 통해 강한 전도성 부여가 가능한데, 사실 결합에서 공유되는 전자가 위치를 옮겨 다니면서 큰 전도가 일어날 때가 그런 경우이다.

9. 자석이 되는 소재

자석을 금속에 가까이 가져가면 금속이 끌리는 반응을 예상할 수 있는데, 왜 금속만 끌리는 것일까? 자석을 이용해 나침반을 만든 것처럼 자석의 활용은 이미 수천 년 전부터 시작되었다. 우리가 잘 알지 못하는 곳에도 자석과 자기장을 활용한 소자가 다양하게 활용되고 있다.

물체를 당기고 밀어내는 힘이 작용한다는 것은 매우 신기한 일이다. 이러한 현상은 자성magnetism이라고 하는데 놀랍게도 수천 년 전에 발견된 것이다. 현대 과학의 도움으로 점점 자성의 원리가 이해되고 있지만 여전히 풀리지 않은 논의가 계속되고 있다. 특히 자성 재료의 하나인 초전도체에 대해서는 많은 수수께끼를 안고 있다.

주위에서 쉽게 발견할 수 있는 여러 가지 자석이 존재하는데, 우리가 잘 알지 못하지만 특별한 자기적 성질을 갖는 무수히 많은 소재가 활용되고 있다. 다른 응용 분야의 소재와 마찬가지로 다양한 원소의 조합이 가능하고 주로 금속 합금이나 세라믹 화합물이 사용된다. 같은 자석의 성질을 가져도 금속은 전기가 통하고 세라믹은 전기가 통하지 않아서 활용되는 분야가 다르다.

자기장에 반응하는 소재

우리는 직관적으로 자석이 무엇인지 알고 있다. 금속을 잡아당기고 금속판에 붙일 수 있는 조그마한 물체이다. 요즘은 막대나 요철 모양의 자석을 찾아보기 어려우나 냉장고에 붙이는 진한 코발트색의 불투명 자석(세라믹)이나 반짝이는 은색 자석(금속)은 쉽게 볼 수 있다.

우리가 잘 알고 있듯이 자석은 N극과 S극을 가지고 있어서 어떻게 접촉하느냐에 따라 서로 당기거나 밀어내는 작용을 한다. 특이하게도 자기적 성질은 다른 재료의 성질과 다르게 자력이 소재의 내부가 아니라 외부로 발휘된다. 예를 들어 금속에 전기장을 가하면 금속 재료를 통해 전기가 흐른다. 하지만 자기장은 금속 바깥으로 형성된다.

우리가 막대자석 위에 종이를 올려 놓고 주위에 철 가루를 뿌리면 철 가루가 일정한 패턴을 가지고 자석 주변에 고정되는 것을 알 수 있는데 이 패턴이 바로 자기장이 외부로 형성됨을 보여준다. 나침반이 항상 북쪽을 가르키는 이유는 나침반의 자석이 주위의 거대한 지구 자기장에 반응하는 것이다. 또한 막대자석 바깥에 놓인 금속 물체를 잡아당기는 것도 자기장이 외부에 형성되어서 당기는 힘이 작용하는 것이다. 우리는 금속 물체가 막대자석에서 멀어지면 당기는 힘이 약해지는 것도 알고 있다. 자기장 힘이 막대자석으로부터 외부 거리에 따라 급격히 낮아지기 때문이다.

또 다른 형태의 자석으로는 금속 못 주변에 동선을 촘촘히 감은 후 외부에 배터리를 연결하여 만들어지는 전자석electromagnet 이 있다. 과학 시간에 종종 하는 실험인데 동선을 감은 횟수가 많아지거나 더 강한 배터리를 연결하면 더 센 전자석이 된다. 중심에 있는 금속 못이 왜 자석이 되는지는 다른 재료의 성질과 마찬가지로 원자 내의 전자 움직임과 관련이 있다. 이 전자의 움직임이 물질마다 다르게 나타나므로 다양한 자기적 특성을 가지게 된다.

앞서 유전적 성질은 절연체의 경우 전기장하에서 양전하(핵이나 양이온)와 음전하(전자나 음이온)가 분리되면서 전기 쌍극자가 형성되어 분극이 일어나고 전하를 움직이지 못하게 함으로써 축적이 가능하다고 하였다. 이때 분리된 거리가 멀어짐에 따라(곧 분극이 강해짐에 따라) 더 많은 전하가 축적된다. 유사하게 자기적 성질은 자기 쌍극자가 형성되면서 나타난다.

하지만 이 쌍극자는 양전하, 음전하 사이의 거리가 아니라 자기장하에서 궤도 반경에 따라 바뀐다. 원자 내에서 전자가 핵 주위를 돌며 궤도가 형성됨을 설명하였는데 바로 이 궤도의 크기가 원자마다 다른 자력magnetic force을 가져오는 원인이 된다. 전자 수가 많은 원소가 전자가 위치할 수 있는 평균 궤도(여러 개의 궤도가 존재하므로)의 반경도 커지므로 더 강한 자성을 가질 수 있다(물론 이 의존성은 과학적으로 간단하지 않다). 각 원자에서 전자가 그리는 각각의 궤도가 합쳐져서 자기화magnetization의 크기가 결정

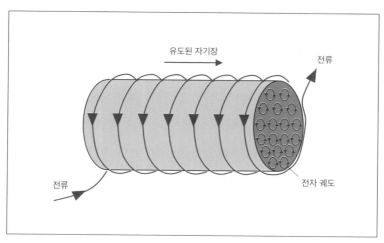

유도된 자기장

전류

전류

전자 궤도

●금속에 코일을 감아서 생긴 자기장

된다.

궤도의 크기는 확대해서 생각하면 금속 막대의 단면적 cross-sectional area이 될 수 있다. 단면적은 무수히 많은 원자로 구성되어 있다. 이로 인해 금속 막대가 두꺼울수록 감긴 동선 내에 형성하는 면적이 커지면서 자력이 더 강해진다. 면적이 커질수록 자기화에 기여하는 전자 궤도의 수, 즉 원자 수가 많아지기 때문이다.

4장에서 원자 구조를 설명할 때 전자의 움직임과 위치를 표현하는 게 양자 역학의 기본이라고 하였는데, 사실 전자의 움직임은 핵 주위의 궤도를 형성하는 운동과 전자가 자체적으로 도는 스핀spin 운동의 2가지 움직임을 갖는다. 추가적인 스핀 운동도 정해진 작은 반경을 가지므로 자기화에 기여한다. 결국 모든 원소는 전자가 궤도나 스핀에 의해 움직이므로 모두 자기적 성질을 가지고 있다. 쉽게 말해 자기적 성질은 반경을 가지고 돌면 생기는 성질이다. 하지만 이런 전자의 움직임은 다소 복잡하여 전자의 궤도가 크다고 해서 자기화에 바로 기여하는 게 아니라 원자 구조에 따라 전자의 움직임이 서로 상쇄되기도 한다. 이로 인해 특정한 전자 에너지 준위를 갖는 철(Fe), 코발트(Co), 니켈(Ni)을 포함한 일부 금속만이 강한 자석의 후보가 된다.

　　가해진 외부의 자기장과 함께 소재 내부에서 자기화가 진행되면서 결국 자기 유도magnetic induction가 발생하는데 2가지 전류, 즉 동선을 감아서 생긴 전류와 소재 내부에서 유도된 전류의 합으로 표시된다. 첫 번째 전류는 얼마나 동선을 많이 감는지 등의 외부 조건이라면, 두 번째 전류는 재료의 선택에 따라(자기 쌍극자가 큰 원소같이) 결정되는 요인이다. 가해진 자기장 크기에 대해 상대적으로 발생한 자기 유도와의 비를 투자율permeability이라고 하는데 이 변수가 바로 소재가 얼마나 강한 자기적 성질을 가지는지의 척도가 된다. 예를 들어 Fe의 상대 투자율relative permeability은 약 10^4에 해당되고 세라믹 자석인 페라이트 자석의 경우 보통 5×10^3 정도의 값을 가진다. 이 값을 비교하면 금속이나 합금이 세라믹보다 더 강한 자석이 될 수 있음을 직관적으로 알 수 있다.

　　사실 우리가 사용하고 있는 자석의 경우 최고의 자력을 유지하기 위해 생산 공정에서 자기장을 최대로 가하여 유도된 자력이 시간이 지남에 따라 감소하지 않도록 하고 있다. 이 공정을 통해 자력이 영구히 유지된다고 해서 영구 자석이라고도 하는데 실제는 온도 등의 환경에 따라 자력은 점점 저하된다.

자기 현상의 활용

자성에 대하여서는 수천 년 전부터 알고 있었지만 자기 현상에 대한 이론과 그 원리를 이해하기 시작한 것은 현대 과학에 들어와서이다. 자성 재료의 분류는 좀 복잡하게도 반자성 diamagnetism, 상자성 paramagnetism, 강자성 ferromagnetism, 반강자성 antiferromagnetism, 페리자성 ferrimagnetism으로 나뉘는데 실제 우리가 사용하는 금속 기반의 강한 자성 재료는 강자성, 세라믹 기반의 자석은 페리자성의 특성을 지니고 있다. 이 강한 자성으로 인해 인덕터, 스피커, 모터 등 다양한 소자에서 응용된다. 특히, 최근에 전기 자동차의 부상과 함께 더욱 강력하고 저렴하게 생산할 수 있는 희토류 기반의 영구 자석이 매우 활발히 연구되고 있다.

사실 자성 재료는 영구 자석 이외에도 광범위하게 쓰이고 있다. 지금은 사라졌지만 자성 박막을 이용한 플로피 디스크 등의 저장 매체에도 사용되었고, 최근에는 거대 자기 저항 GMR, giant magneto - resistance이라 하여 스핀트로닉스 spintronics (전자의 스핀 운동을 제어하면서 얻어지는 일렉트로닉스)를 이용한 하드디스크 드라이브와 센서로도 폭넓게 응용되고 있다.

초전도체의 경우도 중요한 분야인데 특정한 온도 이하에서 완전한 반자성체를 이루어 전류의 흐름에 저항을 나타내지 않는 소재이다. 1911년 네덜란드 과학자 오너스Heike Onnes에 의해 수은(Hg)에서 4.2K(K는 켈빈이라 하며 절대 온도 1K는 -273℃에 해당한다) 이하일 때 처음으로 초전도성superconductivity을 발견하였고 1970년대까지 주로 금속이나 금속 합금에서 더 높은 임계 온도의 재료들이 소개되었다. 1987년 IBM 연구소의 베드노르츠Johannes Georg Bednorz와 멀러Hermann Joseph Muller에 의해 임계 온도 35K의 La-Ba-Cu-O에 근거한 세라믹 화합물을 개발하여 노벨 물리학상을 수상한다. 그 후 100K 이상의 화합물도 소개되어 현재의 초전도 재료는 실제 자계 측정기, 초단파 필터, 전력 케이블 등에 쓰이고 있는데 MRImagnetic resonance imaging 의료 측정기의 경우에 강력한 전류 밀도를 얻기 위해 초전도 솔레노이드solenoid 자석이 필수적으로 쓰이고 있다.

175

10. 빛을 이용하는 소재

우리가 눈으로 인식하는 사물들은 특정한 빛과 그 물체와의 상호 작용을 통해 얻어진 결과물이다. 따라서 외부에서 빛을 비춰 주지 않으면 완전한 어둠만이 존재하게 된다. 빛이 소재에 닿으면 반사, 흡수, 투과의 3가지 현상이 일어나고, 이러한 현상은 소재와 만나 각기 다른 반응을 만들어 낸다. 빛과 소재가 어떻게 반응하고, 이를 활용한 대표적인 소자는 어떤 것이 있는지 알아보자.

□
□
□
□
□

　빛은 한쪽 방향으로 직진하는 성질을 가지고 있고 특정한 에너지를 가지고 있다. 정해진 파장wavelength으로 빛 에너지를 정의할 수 있는데 우리가 눈으로 보는 가시광선 영역의 빛은 사실 매우 좁은 범위의 빛이다. 빛이 재료를 만나면 어떤 반응이 일어날까. 조명이 없는 방 안에 있는 것처럼 일단 빛이 완전히 차단되면 우리는 눈으로 아무것도 인식할 수 없다. 반대로 우리가 눈으로 인식하는 색이나 입체감 등은 입사하는 빛과 소재가 상호 반응을 통하여 얻어지는 결과물이다. 우리 눈과 뇌를 통해서 빛에 의한 반응을 인지하는 것이다.

　빛이 물체에 도달하게 되면 표면에서 반사reflection하거나 내부로 들어가면서 흡수absorption가 일어나고 일부는 물체를 통과하면서 투과transmittance가 일어난다. 이와 같이 주로 반사, 흡수, 투과의 3가지 반응이 일어나는데 반사가 강하면 금속같이 반짝이는 표면으로 인식되고 빛의 투과가 많이 일어나면 유리같이 투명하다고 느낀다. 한편 물질 내부에서 강한 산란으로 빛이 통과되지 못하면 불투명하게 보인다. 이처럼 빛이 물질을 통과할 때 일어나는 반사, 흡수, 투과 정도에 따라 각기 빛의 세기가 변하지만 총 빛의 세기는 처음 들어올 때의 빛의 세기와 동일하다.

결국 재료에 따라 반사, 흡수, 투과의 정도가 상대적으로 다르게 나타나는데 이를 이용하여 다양한 광학 소자가 개발되었다. 우리 주변에 빛을 내는 소자들, 각종 전구, LED, 디스플레이 관련 기술들이 광학적 성질의 이해에서 시작된다.

빛과 물질의 상호 작용

먼저 빛을 정의하면 빛은 전기장과 자기장을 동시에 수반하는 전자기파electromagnetic wave이며 물결 모양의 파동처럼 시간에 따라 한쪽 방향으로 직진하는 성질을 가지고 있다. 이 전자기파는 주어진 파장 범위에 따라, 속한 파장 영역에 따라 엑스선X-ray, 자외선UV, ultraviolet light, 가시광선visible light, 적외선IR, infrared light 등 다양한 전자기파로 명명되는데 재료의 광학적 성질은 대부분 우리 눈에 보이는 가시광선과의 상호 작용 때문에 일어난다.

가시광선은 0.4~0.7μm(마이크로미터, 1μm는 10^{-6}m이다)의 매우 좁은 영역의 스펙트럼에 해당하는데 0.7μm의 빨간색부터 0.4μm의 보라색까지 파장에 따라 인식하는 색이 다르게 보인다.

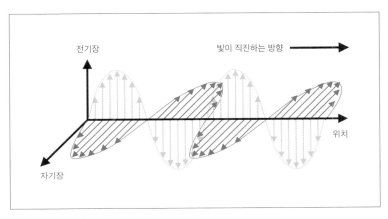

전기장

빛이 직진하는 방향

위치

자기장

● 직진하는 빛의 전자기적 특성

또한 빛은 파장과 상관없이 같은 속도$(3 \times 10^8 \text{m/sec})$를 가지고 있지만 빛이 지니고 있는 광자 에너지photon energy의 크기는 파장에 반비례하여 나타난다.

　　예를 들어 파장이 작은 보라색 쪽으로 향할수록 에너지는 커지므로 보라색 바로 바깥 영역인 자외선(보라violet 바깥이어서 ultraviolet이라 지칭)은 낮은 파장으로 더 큰 에너지를 가지고 있다. 이로 인해 태양 빛의 자외선이 피부에 자극을 주게 되어 UV 보호 로션이 개발되었다. 훨씬 더 짧은 파장 영역인 엑스선의 경우 에너지가 매우 강해서 물질에 침투하므로 신체에 직접 노출되지 않도록 주의해야 한다. 병원에서 엑스선을 이용해 촬영할 때 보호대를 착용해야 하는 게 그 이유이다.

　　우리가 사용하는 광학적 성질에 기반한 응용 제품은 대부

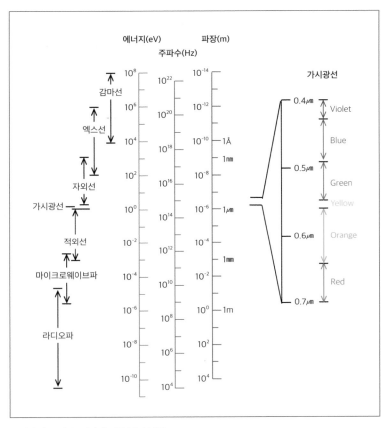

● 에너지, 주파수, 파장에 따른 빛의 분류

분 부도체나 반도체에서 일어나는 현상을 이용한다. 절연체를 통해 전자기파가 진행할 때 진동하는 전기장은 물질 내의 분자를 분극시킨다. 분극은 8장에서 소개한 바와 같이 양전하와 음전하가 분리되어 2개의 극, 즉 양극과 음극을 형성하는 현상을 의미한다.

이 분극 현상에 의해 형성된 쌍극자는 전자기파의 전파를 지연시키는 효과를 갖는다. 물질을 통과하면서 전파 속도의 감소를 가져오는데 이 감소된 속도 대비 진공 중 빛의 속도$(3 \times 10^8 \text{m/sec})$와의 비가 굴절률refractive index(진공 중 빛의 속도 / 물질 내 감소된 속도)이다. 진공 중 빛의 속도가 가장 빠르므로 굴절률은 1 이하가 될 수 없다(진공의 굴절률은 1).

　　이 굴절률이 재료의 광학적 성질을 이해하는 가장 중요한 변수이다. 다이아몬드의 굴절률은 약 2.41이며 유리 렌즈는 1.45, 물은 1.33의 값을 가진다. 1에 가까울수록 해당 물질을 통해 빛이 더 빨리 지나갈 수 있다는 것을 의미하므로 다이아몬드를 통하는 것보다 물을 통해 빛은 더 빨리 전파할 수 있다.

　　다른 굴절률을 가진 2개의 매질을 통해 빛이 통과하는 경우 경계면에서 굴절이 발생한다. 우리가 아는 바와 같이 프리즘 prism을 통해 빛이 무지갯빛으로 변하는데 공기 중에서 프리즘(보통 투명 유리)을 만날 때 그리고 프리즘을 통과하고 다시 공기 중으로 나올 때 2번의 매질 간 경계면에서 굴절이 발생한다.

　　이 프리즘 현상은 들어오는 빛이 다른 파장을 갖는 색깔들의 굴절률 차이로 분리가 일어나는 것인데 파란색이 빨간색에 비해 더 굴절이 일어나고 늦게 전파된다. 또한 그 경계면에서 반사도 함께 일어난다. 입사 광선 대비 반사 광선의 세기의 비를 반사율이라 한다. 투명한 유리에서도 적지만 약 0.05 반사율의 표면 반사가 일어나고 큰 굴절률을 가진 유리를 사용하면 반사율이 커

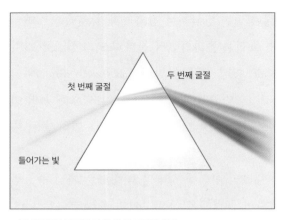

●경계면에서 굴절을 통한 빛의 프리즘 현상

지게 된다.

빛의 흡수 현상은 들어온 빛 에너지가 어떤 형태로든 소모
되는 경우라고 이해하면 된다. 먼저 분극이 일어날 때 일정 에너
지가 쓰인다. 8장에서 설명한 대로 반도체의 경우 흡수된 에너지
가 재료의 에너지 밴드 구조에서 가전자대에서 전도대로의 전자
이동에 사용된다. 이 빛 에너지에 의해 생성된 전도대의 전자가
에너지 소자에서는 유용하게 쓰인다. 반도체의 에너지 밴드 갭에
해당하는 에너지 이상의 빛 에너지가 들어오는 경우 가전자대의
전자가 흡수된 에너지 차이만큼 전도대의 더 높은 에너지 준위로
올라가게 되는 것이다. 이렇게 모인 전자들이 결국 에너지원으로
쓰이는데 이것이 태양 전지의 기본 원리이다.

들어오는 빛을 이용하는 다른 반도체 소자의 예로 광 검출기가 있다. 광을 검출하여 전기 신호로 바꾸는 일종의 광센서로서 사용되고 있다. 빛이 들어오면 조명등이 자동으로 꺼지거나 켜지는 스위치 역할을 하는 소자가 이에 해당한다. n형과 p형 반도체가 접합된 구조에서 경계 영역인 공핍층에서 전자가 빛 에너지에 의해 생성되면 이를 외부의 전극을 통해 전달하여 빛이 들어온 것을 감지하는 원리이다. 태양 전지는 생성된 전자가 많이 필요하다면 광 검출기는 전자의 빠른 이동이 매우 중요하다.

가시광선 영역의 경우 1.8~3.1eV 에너지에 해당하므로 1.8eV보다 밴드 갭이 작은 반도체의 경우(Si의 밴드 갭은 1.1eV) 모든 가시광선 에너지의 흡수가 가능하고 밴드 갭이 3.1eV 이상인 세라믹 대부분의 경우 빛의 흡수가 일어나지 않아 이론적으로는 모든 세라믹이 투명해야 한다. 세라믹 재료가 투명하지 않은 이유는 소재 내의 기공, 불순물, 입계grain boundary(5장에서 소개하였다) 등의 결함이 존재하기 때문이다.

빛이 이 결함들을 만나면 내부 산란이 일어나서 세라믹 재료는 불투명하게 보인다. 실제 세라믹 샘플을 높은 압력과 온도에서 만들면 결함이 제거되어 매우 투명한 물질로 보이게 할 수 있다. 유리의 경우는 유사한 밴드 갭을 가져도 내부 결함이 없어서 투명하게 보인다. 폴리머의 경우도 높은 비정질일 경우 투명하게 보이나 결정질이 많아지면 경계면에서의 산란으로 불투명하게 보인다. 이러한 산란 효과는 결국 빛을 통과시키지 못하게 하여 투명성을 떨어뜨린다.

빛의 광자 에너지에 해당하는 1.8~3.1eV 사이의 밴드 갭을 갖는 재료의 경우 부분적으로 흡수되어 특정한 색깔을 띠게 된다. 예를 들어 황화 카드뮴(CdS)의 경우 약 2.4eV의 밴드 갭을 가지는데 이보다 큰 광자 에너지, 즉 파란색, 초록색은 흡수되고 흡수되지 않고 통과되는 1.8~2.4eV 사이의 에너지로 인해 노란 주황색을 띠게 된다. 루비는 고순도 알루미나(Al_2O_3)에 적은 양의 크롬(Cr)을 도핑하여 만들어지는데 빛이 들어오면 크롬으로 인해 형성된 알루미나 밴드 갭 내에 존재하는 불순물 에너지 준위를 통해 청보라와 황록색 계열은 흡수하고 흡수되지 않은 빨간색이 통과되어(일부 재방출된 빛과 함께) 우리 눈에 루비는 검붉은색으로 보이게 된다.

금속의 경우 색은 흡수되는 빛이 아니라 반사되는 복사선의 파장 분포에 따라 결정되는데 알루미늄(Al)과 은(Ag)이 백색으로 보이는 이유는 모든 가시광선에 걸쳐 높은 반사가 이루어지고 있기 때문이다. 금(Au)이 내부적으로 파란색에 해당하는 빛을 흡수하기 때문에 나머지 반사된 빛으로 노란색을 띠게 된다.

방출하는 빛 에너지의 활용

반도체 재료에서 이러한 빛의 흡수 현상은 더욱 광범위하게 이용되고 있다. LED 소자의 기본 원리로 반도체는 에너지 밴드 갭 이상의 빛 에너지가 흡수되어 전자가 가전자대에서 전자대로 여기가 일어나고, 이 여기된 전자가 다시 가전자대 에너지 준위로 떨어질 수 있는데 이때 감소된 에너지만큼 빛의 형태로 방출된다. 가전자대로 다시 떨어지면서 전자는 정공과 다시 결합하여 소멸되는데 이를 재결합recombination이라 한다.

　　흥미롭게도 같은 반도체라도 태양 전지는 여기된 전자를 에너지원으로 사용하므로 에너지 방출(혹은 재결합)이 일어나면 안 되고 LED는 반드시 에너지 방출이 일어나야 한다. 이 특성은 반도체 소재 선택에 따라 달라진다. LED 소자의 경우 떨어지는 폭만큼의 에너지 크기에 따라 RGB 삼원색(빨강red, 초록green, 파랑blue)이 결정된다. 예를 들어 떨어지는 에너지 폭이 작으면 방출

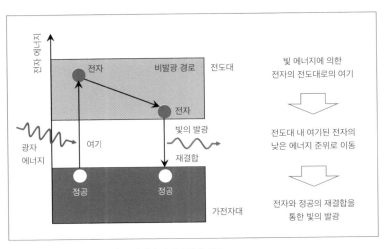

●반도체에서 빛 에너지에 따른 여기된 전자의 방출 경로

하는 에너지는 빨간색으로, 넓으면 파란색으로 보인다(즉, 밴드 갭이 좁은 반도체는 빨간색, 넓으면 파란색이 가능하다). 이 삼원색을 확보하여 색을 혼합하면 모든 색깔 구현이 가능하기 때문에 선명한 색의 확보를 위해 새로운 반도체 개발이 지난 십수 년간 진행되었다.

실제 쓰이는 LED 소자의 구조는 8장에서 소개한 p형과 n형 반도체 간의 결합으로 이루어져 다소 복잡하다. 다이오드 소자를 한쪽 방향으로 전자의 이동을 유도하는 소자라 하였는데 LED의 D가 diode에서 온 것으로 이 다이오드 특성을 이용하여 소자가 구현된다. 질화 갈륨(GaN)을 인듐(In)이나 알루미늄(Al)으로 치환하여 적층형 반도체층을 통해 청색 LED를 만들었는데 이 업적으로 나카무라 Shuji Nakamura는 2014년 노벨 물리학상을 수상한다. 그 이전에 적색과 녹색 LED 소자는 갈륨비소(GaAs)나 갈륨인(GaP) 반도체를 이용하여 제작되었다.

또한 형광체 phosphor라고 불리는 특정한 소재도 활성체 activator 혹은 luminescent center라는 불순물을 포함하고 있는데 에너지를 흡수한 후 다시 가시광선 영역의 전자기 복사 electromagnetic radiation 형태의 에너지를 방출하는 발광 현상을 일으킨다. 발광은 형광체를 여기시키는 에너지원에 따라 분류되는데 빛에 의해 여기가 되면 광발광 photoluminescence이라 하고 가해진 전기장에 의해 발광이 일어나면 전계 발광 electroluminescence이라 한다.

빛이 흡수된 후 발광이 되기까지 시간 차이가 생기는데

10^{-9}초 이하의 시간이 소요되는 경우 형광fluorescence, 10^{-3}초 이상에서 수시간까지 지연이 있는 경우 인광phosphorescence이라 한다. 형광 현상으로 형광등 안의 아르곤과 수은 가스의 전기 방전discharge에 의해 자외선 영역의 빛이 방출되면 형광등 안쪽 면에 코팅된 흰색 형광체에 의해 흡수되고 이를 가시광선 영역의 빛으로 방출하여 우리 눈에 백색 형광등으로 보이게 된다. 이 발광 현상은 백열광incandescence이라고 불리는 백열전구의 텅스텐 필라멘트처럼 가열된 물체에서 방출되는 빛의 방사와는 구별되어야 한다.

이 형광체를 이용하여 가장 많이 활용되는 소자는 백색광의 LED이다. 우리는 핸드폰 뒷면에서 빛이 나오는 LED 소자가 노란색을 띠고 있는 걸 볼 수 있는데, 이는 노란색의 형광체를 사용하고 있기 때문이고 그 아래에는 청색의 LED 칩이 놓여 있다. 전기를 가하여 청색 LED 칩으로부터 청색 빛이 나오면 이 빛의 일부를 위쪽의 노란색 형광체가 흡수하여 노란색 빛을 방출하게 된다. 결국 청색과 노란색의 빛이 결합하여 우리 눈에는 백색 빛으로 보이게 된다. 이 원리는 자동차의 헤드램프, 가정용 백색 LED 전구에도 동일하게 쓰인다. 어떤 LED라도 표면이 노란색으로 보인다면 이는 노란색 형광체를 쓰기 때문이다. 이 형광체 소재는 희토류 원소로 도핑한 YAGyttrium aluminum garnet($Y_3Al_5O_{12}$)라는 세라믹 소재가 대표적으로 이용되고 있다. 신기하게도 도핑 원소에 따라 발광하는 색이 바뀐다.

10. 빛을 이용하는 소재

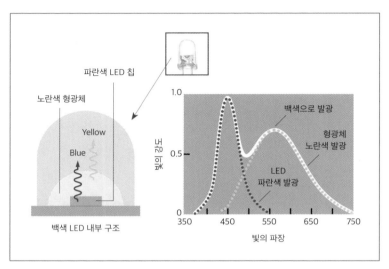

● 백색 LED 소자의 백색 발광의 원리

　　백색 발광의 LED는 가장 많이 쓰이는 청색 LED와 노란색 형광체의 조합 이외에도 적색 LED, 녹색 LED, 청색 LED를 동시에 발광하게 해서 얻을 수도 있다. 삼원색을 모두 같은 강도로 발광하면 백색으로 보이기 때문이다. 또한 하나의 자외선 LED 광원을 적색, 녹색, 청색의 혼합된 형광체 소재에 조사해도 같은 효과를 얻을 수 있어서 활용되고 있다.

　　간단히 살펴본 광학적 성질과 활용의 예들은 소재로 들어오는 가시광선과의 상호 작용 혹은 소재를 통해 방출되는 가시광선에 대한 것들이었다. 주위에 노트북이나 TV 화면의 디스플레이, LED 등 빛이 나오는 제품을 쉽게 볼 수 있는데 이때 방출하는 빛은 우리가 제공하는 전원(배터리나 220V)에 의해 작동하는 것으로 결국 소재를 통하여 전기 에너지가 광 에너지로 바뀐다고 이해해도 좋을 듯하다.

　　노트북과 TV에 쓰이는 LCDliquid crystal display(액정 디스플레이)는 자체적으로 빛을 방출하는 것이 아니기 때문에 빛을 얻기 위해서는 대부분 위에 설명한 백색 LED 소자가 백라이트back-light로 뒷면에 얇게 부착되어야 한다. 액정은 막대 모양의 폴리머로 빛이 통과할 때 빛의 세기를 조절하는 역할을 담당한다. 가해진 전기장 크기에 의해 막대 모양 액정의 배열을 조절함으로써 빛의 차단이나 개폐가 가능하다.

　　최근에 OLEDorganic light emitting diode(유기 발광 다이오드)라 불리는 디스플레이 제품이 모니터와 TV에 점점 더 많이 쓰이고 있는데 이는 앞에서 예로 든 질화 갈륨(GaN) 같은 무기물 기반 반도체를 대체하여 유기물, 즉 폴리머로 이루어진 반도체가 쓰이는 경우이다. 폴리머의 경우도 다른 LED 소자와 유사하게 n형과 p형의 유기물 반도체 간 접합이 필요하다. OLED는 LED 소자의 한 종류이지만 자체적으로 발광하는 특성으로 별도의 백라이트가 필요 없고 따라서 더 얇은 디스플레이 화면을 만들 수 있다. 폴리파라페닐렌 비닐렌PPV, p-phenylene vinylene이나 폴리플루오렌polyfluorene계 등 다양한 폴리머가 개발되어 쓰이고 있다.

　　소재에 들어오는 빛에 대해서는 태양 전지(13장에서 다룬다)와 같이 태양 빛을 에너지로 바꾸는 예가 있지만 최근에는 태

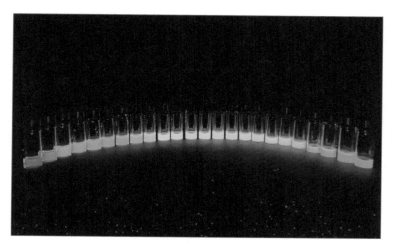

●나노 입자 크기에 따라 발광하는 색이 달라지는 퀀텀 닷

양 빛 외에 건물 안의 형광등이나 백열 전구 등에서 나오는 빛을 이용하여 에너지화하려는 노력도 진행되고 있다. 특히 흥미로운 광학 소재들이 일부 제품화되어서 쓰이고 있는데 예를 들어 입자 크기에 따라 색이 바뀌는 퀀텀 닷, 빛에 의해 색이 변하는 안경 렌즈, 온도에 따라 색이 변하는 머그잔, 누르는 압력에 의해 색이 바뀌는 물질, 특정한 색에만 작동하는 소자 등이다. 퀀텀 닷은 나노 분야에서 아주 전망 있는 연구 주제인데 반도체 특성을 가진 매우 작은 입자로서 UV 빛을 가하면 전자가 여기되고 다시 낮은 에너지 준위로 떨어질 때 자체 발광한다. 색의 조절은 나노 입자의 크기에 따라 좌우된다. 입자 크기가 커지면 밴드 갭이 좁아지면서 빨간색을 방출하게 되고 입자가 연속적으로 작아지면서 파란

색으로 변하게 된다. 매우 작은 스케일에서 벌어지는 현상을 퀀텀 효과라 하는데 아주 작다는 의미인 dot(점)과 결합하여 퀀텀 닷이라 부른다. 기존의 LED 소자를 대체할 유망한 디스플레이로 최근 언론에 자주 소개되고 있다.

11. 열에 민감한 소재

재료에 열을 가하면 어느 정도 재료 내부로 열을 흡수하거나 외부로 전달하게 된다. 이때 대부분의 재료는 매우 미세하지만 팽창한다. 단열재는 열을 통하지 않도록 막아 주는 역할을 하고, 반대로 열전도체는 열을 빨리 방출해야 하는 재료이다. 어떤 기준으로 소재의 열적 성질을 판단하는지 알아보자.

□
□
□
□
□

물체에 열을 가하면 어떤 일이 일어날까. 주위의 고체에 열을 가하면 어떤 일이 일어나는지 상상해 보자. 일단 속도는 다르겠지만 모든 고체는 뜨거워진다. 폴리머인 우리 신체가 뜨거워지는 것과 마찬가지다. 고체가 주변의 온도가 올라가서 열을 받으면 에너지 형태로 흡수되고 대부분 미세하지만 재료의 크기가 커진다. 또한 차가운 쪽으로 열전도가 일어난다. 이 열적 성질이 중요한 이유는 재료가 파괴되거나 원하지 않는 화학적 반응을 일으킬 수 있기 때문이다.

우리가 사용하는 LED 조명은 매우 뜨거워서 열을 방출하지 않으면 심각한 문제를 일으킨다. 배터리가 폭발하는 이유도 누적된 열에너지가 특정 재료의 물리적 혹은 화학적 반응을 일으키기 때문이다. 스마트폰을 포함해서 전자 제품이 과하게 뜨거워지면 망가질 확률이 커진다. 대부분의 경우 발생한 열이 작은 영역에서 과하게 누적되면 문제가 생긴다. 열 방출이 쉬운 금속성이

193

아니면 재료가 버틸 수 있는 열에너지는 한계가 있기 때문이다. 재료의 열적 성질을 이해해서 적합한 소재를 선택하는 것이 필요하다.

재료의 열적 성질을 결정하는 대표적인 3가지 변수, 즉 열용량heat capacity, 열팽창 계수coefficient of thermal expansion, 열전도도에 대해 알아보자. 또한 소재에 열이 가해지면 일어나는 특정한 현상을 이용한 어떤 응용 제품이 있는지 알아보자.

소재가 열을 받을 때

재료에 흡수되는 열에너지를 열용량이라 하는데 주위로부터 열을 흡수하는 능력을 나타낸다. 열용량은 재료 1mole(몰)에 대해 주어진 온도 범위 내에서 얻어지는 에너지의 양으로 정의할 수 있다. 이를 단위 질량당 열용량으로 표시하면 비열specific heat이 된다. 일반적으로 열용량은 폴리머의 경우 가장 큰 값을 가지고 세라믹, 금속순으로 작은 값을 가진다.

또한 열용량이 온도에 따라 계속 올라가는 것은 아니고 일정 온도에 이르면 재료의 열용량은 일정한 한곗값을 갖는다. 흡수된 열에너지는 대개 재료 내의 원자들이 규칙적으로 진동하면서 소모된다. 이 진동을 포논phonon(원자 간의 규칙적인 격자 진동lattice vibration) 움직임으로 나타내는데 마치 물결같이 특정한 주파수와

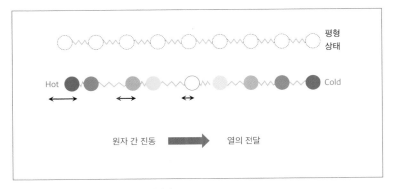

평형
상태

Hot

Cold

원자 간 진동 → 열의 전달

● 부도체에서 원자 간 진동에 의한 열전달

진폭을 가지고 원자들이 본 위치에서 진동하는 것과 같다.

　　소재마다 진동 특성은 다르게 나타난다. 또한 흡수된 열은 자유 전자가 있는 금속의 경우 자유 전자에게 운동 에너지를 공급하여 자유 전자가 이동하면서 진동하는 원자와 충돌하여 산란을 일으키기도 한다. 반도체라면 열에너지로 인해 전자가 전도대로 여기를 일으켜 자유 전자의 수를 증가시키고 전기 전도도에 영향을 주기도 한다. 일반적으로 온도가 올라가면 금속의 전기 전도도는 크게 감소하게 된다. 결국 회로를 통해 전자가 늦게 움직이므로 핸드폰이 뜨거워지면 반응이 느린 주원인이 된다.

　　대부분 고체 재료는 열을 가하면 팽창하고 냉각하면 수축이 일어난다. 이 팽창은 결국 원자 간 평균 거리가 증가해서 일어나는 것으로 열팽창 계수로 나타내는데 온도 1℃를 올렸을 때 늘어난 길이를 의미한다. 고무, 종이 같은 고분자는 많이 늘어나고,

195

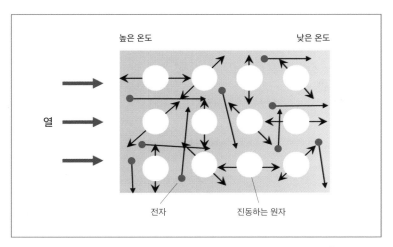

●뜨거운 곳으로부터 전자의 이동에 의한 열전달

금속, 세라믹순으로 팽창이 작게 일어난다. 대개 1℃를 올리면 1m 길이 세라믹의 경우 약 10^{-6}m 정도 늘어나고 폴리머는 400배 더 늘어날 수 있다. 앞서 설명한 결합 방식과 연관하여 가장 결합력이 약한 반데르발스 결합의 기여가 큰 폴리머에서 원자 간 결합력이 약해서 쉽게 늘어나는 것이다.

열전도도는 단위 길이당 열을 얼마나 빨리 전달하느냐의 척도이다. 뜨거운 곳에서 차가운 곳으로 열이 흘러가므로 온도 차에 의해 열 확산이 일어난다. 금속의 경우 뜨거운 지역의 수많은 자유 전자가 운동 에너지를 얻어 차가운 지역으로 이동하게 되는데 이때 고정된 원자와 충돌하여 일부 에너지를 전달하기도 한다. 세라믹이나 폴리머인 비금속의 경우는 이런 자유 전자가 없으므로 포논(격자 진동)에 의해 열전달이 일어나지만 결국 전달이 잘 일어나지 않아서 열 절연체로 사용된다. 폴리머 계열의 가벼운 물질이 건축 내장용 단열재로 사용되는 이유가 여기에 있다. 이런 폴리머의 경우 금속에 비해 보통 수백 배 낮은 열전도를 가지고 있다.

열에너지의 감지와 활용

단순히 열을 차단하거나 전달 혹은 발생시키는 소재들 이외에도 열이 들어올 때 소재가 반응하는 현상을 이용하는 재료가 우리 주위에 사용되고 있다. 금속, 세라믹, 폴리머 소재 모두가 긴요하게 쓰이는데 금속, 세라믹은 주로 전기를 가했을 때 열을 발생시키는 용도로, 반도체는 주위의 열을 흡수하거나 회로 내의 갑작스러운 온도 변화를 감지하는 역할을 한다.

온도 자체를 감지하는 다른 2개의 금속 간의 접합으로 이루어진 열전쌍thermocouple이라고 하는 온도 센서가 있다. 긴 쇠 막대를 뜨거운 물체에 가져다 대면 모니터를 통해 몇 도인지 알려주는 장비를 보았을 텐데, 이 막대 안에는 접합된 2개의 금속 와이어가 숨어 있다. 주변 온도의 변화를 두 금속 간 포텐셜(전압) 차이로 변환하여 전압 차이의 폭에 따라 온도가 몇 도인지 알게 되는 것이다.

197

이를 제배크 효과Seebeck effect라 하는데 많은 자유 전자가 존재하는 금속 내에서 온도 차이가 나게 되면 전자가 한쪽으로 쏠리게 되어 전압 차가 유도되는 원리이다. 전자는 음전하이므로 전자가 모이는 곳이 음전압을 가지게 된다.

금속이나 반도체에서 외부 온도의 변화에 따라 전압 차이가 나게 되면 이는 곧 전기 에너지로 쓰일 수 있다. 이를 열전 에너지thermoelectric energy 하베스팅이라 하고, 열전 반도체라 불리는 텔룰라이드 화합물(Bi_2Te_3, $PbTe$ 등)이 대표적으로 많이 연구되고 있다. 또한 이러한 열전 효과는 반대의 가역적인 반응도 가능한데, 즉 포텐셜 차이가 생기면 온도의 변화가 유도되는 것이다. 이를 이용하여 냉장고를 대체하는 와인 냉장고나 정수기 등에 일상적으로 널리 쓰이고 있다.

열전 반도체가 금속과 접합을 이루는 경우 외부에서 전기를 가하면 금속의 자유 전자가 접촉면을 통해 반도체로 이동한다. 이때 높은 에너지 준위로 올라가야 하므로 그 에너지 차이만큼 열에너지 흡수가 일어난다. 흡수된 에너지만큼 차가워지고 반대로 열이 방출된다면 뜨겁게 느껴진다. 차가운 부분을 이용해 열전 냉장고를 만드는데 기존 냉장고에서의 냉매와 압축기(컴프레셔)를 사용하지 않아서 공간과 소음을 많이 줄일 수 있다.

또한 전기를 가했을 때 발열이 일어나는 소재를 발열체라고 하는데 전기 주전자나 비데의 열선, 가마 내의 발열체 등 열을 필요로 하는 분야에 폭넓게 사용되고 있다. 전자 회로 내에서도 발생한 열을 감지하는 전자 부품들이 있는데 대부분 온도 변화에 따라 소재의 전기 전도도(혹은 전기 저항)가 바뀌는 원리를 이용하여 급격한 온도 상승에서 전자 회로를 보호하기 위해 사용된다.

12. 힘에 대응하는 소재

외부에서 힘이 재료에 가해지면 어느 정도까지 버티다가 결국 결합이 깨진다. 다시 원래 상태로 돌아가는 탄성 영역을 넘어서면 복구가 불가능한 파괴가 일어난다. 소재에 힘을 가했을 때 일어나는 현상을 알아보고, 외부의 힘을 이용한 응용 제품에는 어떤 것이 있는지 소개한다.

재료는 외부의 힘이나 하중을 가하면 물리적인 변형이 일어난다. 세라믹, 금속, 폴리머 등 소재의 종류에 따른 기계적 특성에 대해 우리도 직관적으로 어느 정도 알고 있다. 예를 들어 세라믹은 일정한 하중을 넘어서면 쉽게 깨지는 것을 알고 있고, 금속은 물질에 따라 늘어나거나 부러지거나 스크래치가 일어나는 등 다양한 반응이 일어난다. 폴리머는 종이, 나무, 고무 등 물질에 따라 물리적 변형이 다르게 나타난다.

기계적 성질은 단순히 재료가 파괴되거나 깨지기 때문에 중요하다고 생각할 수 있지만 실제로 활용 면에서 재료와 제품의 수명과 직결되므로 매우 심각하게 이해해야 할 부분이다. 예를 들어 건물이나 다리를 건설할 때 어떤 금속이나 세라믹 건축 재료를 사용하는지에 따라 수명과 안전성이 좌우되기 때문이다. 핸드폰을 만들 때도 소재의 기계적 성질이 중요한데 떨어뜨리거나 하는 외부 충격이 생길 경우 부품이 깨지면 안 되고 전면 디스플레이

유리가 쉽게 균열되거나 스크래치가 발생하는 것을 방지해야 한다. 외부 힘이 가해졌을 때 소재에서 발생하는 기계적 성질은 크게 4가지, 강도strength, 경도hardness, 연성ductility, 강성도stiffness로 나타내는데 어떻게 정의하는지 간단히 살펴보자.

오랜 연구를 통해 기본 소재들의 기계적 성질은 이미 알려져 있다. 소재 간의 기계적 특성의 변화는 앞서 설명한 소재를 구성하는 원자 간의 결합력의 차이 때문에 발생한다. 깨지거나 균열이 발생한다는 것은 결국 원자 간의 결합이 파괴되면서 발생하기 때문이다. 강한 공유 결합이나 이온 결합을 가지는 세라믹이 금속 결합의 금속이나 반데르발스 결합의 폴리머에 비해 기계적 강도가 훨씬 세다. 하지만 응용 제품에 따라 이용하는 기계적 성질은 다른데 폴리머같이 늘어나면서 복원이 필요한 경우, 금속같이 연성을 유지하면서 강도가 필요한 경우이다.

힘에 반응하는 물리적 변화

재료에 힘을 가했을 때 물리적으로 변형되는 정도를 탄성 계수elastic modulus라고 하는데 가해진 응력(스트레스stress : 면적당 가해진 힘인 압력과 같은 개념)을 변형률(스트레인strain : 최초 길이 대비 변화한 길이 비율)로 나누어서 구한다. 탄성 계수는 재료의 고유한 값으로 기본적인 기계적 물성을 판단하는 가장 기본적인 변수이기도 하다. 즉, 단위 변형률이 발생하는 데 필요한 압력이어서 직관적으로 재료를 늘리는 데 얼마나 많은 힘을 가해야 하는지 판단하는 것이라고 이해해도 좋다. 예를 들어 물질을 당겨서 길이를 늘리려고 하는 경우 들어가는 힘을 생각해 보면 된다. 종이를 손으로 양쪽으로 당기면 어느 정도 늘릴 수 있지만 금속이나 세라믹은 어려울 것이다. 종이의 탄성 계수는 약 4×10^6Pa(파스칼은 압력 단위이다)로 금속인 알루미늄 97×10^9Pa, 구리 110×10^9Pa, 세라믹인 지르코니아(ZrO_2) 210×10^9Pa 값에 비해 최소 몇천 배 이상 낮은 값을 가진다. 즉, 탄성 계수가 낮으면 늘리는 데 적은 힘이 든다.

또한 재료의 변형률이 발생하는 경우 물질을 구성하는 원자와 원자 사이의 거리가 멀어지는 것으로 결합력의 세기와 관련된다. 기계적 파괴는 결국 맨 끝단의 (혹은 가장 취약한) 원자 간의 결합이 끊어지는 것이다. 폴리머의 경우 2차 결합인 약한 반데르발스 결합을 가진다고 설명하였는데 폴리머의 탄성 계수가 낮은 이유이기도 하다. 물론 탄성은 응력을 제거하면 다시 원래의 모양으로 돌아간다는 의미이므로 탄성 계수는 탄성 영역에서의 응력-변형률 관계를 구하고 기울기로 정의할 수 있다.

금속의 경우 보통 변형률이 0.005 정도까지 탄성 거동elastic behavior을 하고 그 이상의 응력을 가하면 회복되지 않는 영구 변형, 즉 소성 변형plastic deformation을 일으킨다. 이 소성 변형이 시작되는 응력을 항복 응력yield stress이라 하고 이때의 강도를 항복

12. 힘에 대응하는 소재

강도yield strength라 한다. 인장 강도tensile strength는 물체에 당기는 힘을 가했을 때 파괴가 일어나기 직전의 최댓값에 해당한다. 예를 들어 알루미늄(Al)의 항복 강도는 35×10^6Pa, 인장 강도는 90×10^6Pa 의 값을 가진다.

연성은 파괴가 일어나기 전까지 소성 변형의 정도를 의미하고 소성 변형이 거의 일어나지 않는다면 취성brittleness이 강하다고 한다. 연성은 이른바 파괴가 일어나기 전에 얼마나 늘어날 수 있느냐로 나타낼 수 있어서 알루미늄의 경우 파괴 전보다 보통 40%까지 늘릴 수 있다.

인성이라는 단어도 자주 쓰이는데 균열과 같은 재료의 파괴가 일어날 때 재료가 저항하는 정도를 대변한다. 인성이 큰 소재는 균열이 잘 일어나지 않는다.

스크래치가 잘 나는 재료는 경도라는 용어를 사용해 정의한다. 곧 작은 부위의 스크래치 같은 소성 변형에 대한 재료의 저항을 나타낸다. 우리가 알고 있는 바와 같이 금속은 대개 스크래치가 잘 일어나고 세라믹은 스크래치가 잘 일어나지 않으므로 세라믹이 훨씬 더 큰 경도값을 가진다. 피로fatigue는 다리 등 구조물, 기계 부품 등에서 오랜 시간에 걸쳐서 상대적으로 낮은 응력에서 기계적 물성이 저하되는 현상을 의미한다. 구조물 수명에 영향을 미치는 매우 중요한 요인이다.

금속의 경우 응력에 다양하게 반응하여 앞에서 설명한 모든 기계적 물성을 가질 수 있지만 세라믹의 경우 대부분 취성 재료로 소성 변형이 거의 일어나지 않고 갑자기 깨져 버리므로 파괴를 버티는 최고의 응력, 즉 파괴 강도fracture strength로 기계적 물성을 대변한다. 유리잔이나 사기그릇이 언제 깨지는지 상상해 보자. 높은 곳에서 빠르게 떨어뜨리거나 더 무거운 것을 떨어뜨리면 결국 응력이 커지므로 깨질 확률이 높아진다.

반대로 폴리머의 경우 고무같이 인성이 매우 높은 소재가 존재해서 10배 이상 길이가 늘어날 수 있고 심지어 복원력도 우수하다. 폴리머 소재의 기계적 성질도 앞에서 소개한 동일한 기계적 물성으로 정의한다. 다만 폴리머의 경우 점탄성 거동viscoelastic behavior이라 해서 응력을 가했을 때 반응이 바로 나타나지 않고 변형이 지연되거나 시간에 의존하여 천천히 나타나기도 한다.

기계적 특성은 대부분 사용하는 소재의 수명과 연결되어 있어서 기계적 물성을 증진하는 방향으로 연구가 진행되고 있다. 많은 경우 재료의 조성을 바꾸거나 결함을 이용하는데 금속의 경우 강steel과 같이 부식을 억제하고 강도를 증진시키는 노력, 유리의 경우 결정화를 통한 강도 증진, 폴리머의 경우도 분자 사슬 간 결합력, 결정 유도 등 구조적 요인에 의해 강도를 증진시키고자 하는 노력을 기울여 왔다. 예를 들어 방탄유리의 경우는 유리판 표면에 매우 높은 압축 응력을 유도해서 날아오는 총알의 응력을 순간적으로 흡수·저항하면서 효력이 발생하는 경우이다. 같은 원리로 현재 스마트폰 유리도 표면에 화학적 치환에 의해 압축 응력을 갖게 함으로써 웬만한 충격에 잘 버틸 수 있도록 만들고 있다.

외부 압력의 활용

비교적 제한적이지만 외부에서 가해지는 힘을 이용한 소자
들이 활용되고 있다. 먼저 압력 센서를 예로 들 수 있는데 압력이
들어오면 이를 전기적 신호로 바꾸는 센싱 소자를 의미한다. 신발
에 적용하여 발에 가해진 힘의 분포로 걸음걸이를 교정하거나 의
자 등받이에 적용하여 자세를 교정하는 데 사용이 가능하다. 스트
레인 센서strain sensor도 외부에 힘이 가해진 경우 전기 저항값의
변화를 감지하여 가해진 힘이 얼마인지 알 수 있는 소자로 광범위
하게 사용하고 있다.

8장에서 소개한 결정 구조 내에서 분극 때문에 발생하는
압전성을 이용하는 다양한 소자도 힘을 이용한 대표적인 예이다.
힘을 가해서 스파크를 일으키는 점화 소자가 대표적인 경우로 압
력을 전기로 바꾸는 매우 특이한 현상이다. 터치 센서로도 사용이
가능해서 손가락으로 누르는 작은 압력을 전기 신호화해서 사용
한다. 이 현상을 확대 적용하여 압전 에너지piezoelectric energy 하베
스팅 소자가 활발히 연구되고 있는데 재생 에너지 기술 중 하나로
외부에서 다양한 힘이 주어질 때 이를 전력으로 바꾸는 소자이다.

플렉시블한 소자로서 구현도 가능해서 단순히 휘는 동작으

로 수십 V 이상의 전압을 생산할 수 있다. 주로 저전력을 가진 각종 스마트 센서를 구동하는 데 이용되는데 배터리를 쓰지 않고 반영구적으로 일시적인 전기 에너지를 공급하는 게 가능하다. 나노 스케일의 압전 소자를 이용하여 손목 맥박의 작은 움직임을 미세한 전기 신호로 바꾸는 연구도 진행되고 있다. 갑작스러운 맥박 이상을 대비해 모니터링할 수 있다.

13. 소재가 기여하는 에너지

에너지 위기, 고갈이라는 단어를 자주 접하곤 한다. 석유의 매장량을 걱정하는 한편 이산화탄소 배출이라는 심각한 환경 문제도 함께 해결해야 한다. 기존의 화석 연료를 대체할 에너지 기술은 가능할까? 신재생 에너지라 부르는 과학 기술을 바탕으로 한 에너지 획득은 전적으로 소재의 선택과 개선에 달려 있다. 대표적인 에너지 기술인 태양 전지와 배터리, 연료 전지를 중심으로 이해해 보자.

□
□
□
□
□

신재생 에너지라는 말을 주위에서 자주 듣는다. 석탄, 석유, 천연가스 같은 기존 화석 연료 기반의 에너지원이 아닌 대체가 가능한 에너지원을 의미한다. 신에너지new energy와 재생 에너지renewable energy, 2가지 에너지원을 말하는데 신에너지에는 수소 에너지, 연료 전지, 석탄 액화 / 가스화 분야가 있고 재생 에너지에는 태양 전지, 태양열, 지열, 풍력, 수력, 해양 에너지, 바이오매스 같은 에너지원이 있다.

신에너지는 기존 화석 원료를 변환하거나 수소와 산소 등의 화학 반응을 통해 새롭게 창출되는 에너지를 말하며, 재생 에너지는 햇빛, 바람, 비, 식물(짚, 목재, 사탕수수 같은 바이오매스) 같은 재생이 가능한 에너지원을 이용하여 열이나 전기 에너지로 바꾸는 에너지이다. 특히 주위에 자연에서 공짜로 얻을 수 있는 태양, 바람, 지열, 해양, 수력 등으로부터 변환되는 에너지를 수확한다고 해서 에너지 하베스팅energy harvesting이라는 용어도 쓰인다.

209   13. 소재가 기여하는 에너지

예를 들어 물이 떨어지는 힘을 이용하여 터빈을 돌릴 수 있다면 수력 발전이 탄생하게 되고 바람을 이용하여 약 100m 높이 타워 위에 달린 커다란 하얀색 날개를 돌릴 수만 있다면 우리가 아는 풍력 발전이 가능해진다. 지열 에너지geotherml energy는 지구 표면 근처의 열을 이용하는 경우와 땅속 수천 km 깊이의 매우 뜨거운 온도를 이용하는 경우로 나뉜다. 표면의 열을 이용하는 경우는 온천같이 특별히 뜨거운 지역에서 일어나는 열을 단순히 이용하나 땅속 깊은 열을 이용해야 할 때는 인위적으로 깊은 구멍을 파고 물을 공급하여 뜨거운 수증기를 표면으로 유도한 후 가스 터빈을 돌려 전기를 생산해 낸다.

　이 외에도 힘이나 마찰력, 비교적 작은 온도 차이를 이용하여 전기를 생산하기도 한다. 소재 관점에서는 반도체 소재를 이용하여 태양 전지와 열전 에너지 하베스팅이 가능하고 부도체를 이용해서는 힘을 전기로 바꾸는 압전 에너지 하베스팅과 마찰력을 이용한 마찰 전기 에너지triboelectric energy 하베스팅 기술이 가능하다. 열과 힘을 이용하는 경우는 11장과 12장에서 간단히 소개하였다. 마찰 전기 에너지는 옷이나 피부가 갑자기 닿을 때 느껴지는 정전기를 말한다. 상당히 높은 전압이 순간적으로 발생하는데 이를 좀 더 체계화해서 새로운 에너지원으로 사용하기 위해 최근 활발히 연구가 진행되고 있다.

　에너지 저장 기술은 용도에 따라 다양한 배터리 기술을 비롯하여 슈퍼 커패시터라고 불리는 부품 소자가 있는데 비교적 대

자연에서 얻어지는 자원을 이용한 에너지 기술		생산된 자원을 이용하는 에너지 기술	에너지 저장 기술
태양 빛	태양 전지	화석 원료(석유, 천연가스, 석탄)	배터리
힘	압전 에너지 발생기	핵융합 에너지	슈퍼 커패시터
마찰	마찰 전기 하베스터	바이오 에너지	수소 에너지 저장
열	열전 하베스터	수소 에너지	
바람	풍력 발전기	연료 전지	
물	수력 발전기		
지열	지열 발전기		
대양	해양 에너지 발전		
식물	바이오 에너지 하베스터		

● 에너지 변환 및 저장 기술

용량의 전기를 저장할 수 있는 능력을 가지고 있다. 여기에서는 소재 기술이 성능을 좌우하는 대표적인 에너지 기술인 재생 에너지의 태양 전지, 신에너지의 연료 전지 그리고 에너지 저장 수단인 배터리를 통해 소재의 중요성과 기본적인 동작 원리를 알아보고자 한다.

태양 전지, 재생 에너지의 희망

태양 빛 에너지로부터 전기 에너지를 생산하는 태양 전지

211

는 신재생 에너지 중에 가장 밀접하게 우리 주위에 와 있는 기술이다. 사실 태양 에너지는 빛 에너지와 열에너지로 크게 나뉘고 광전photovoltaic 효과는 태양 빛뿐만 아니라 조명 등 넓은 파장 영역에서 다른 형태의 빛 에너지도 포함하는 좀 더 광범위한 현상을 말한다.

태양은 대기에 온도 차이를 만들어 바람을 일으키고 대양의 물을 증발시켜 강물을 만들며 광합성을 통해 식물을 성장시켜 바이오매스를 형성하므로 대부분 에너지원에 직접적으로 연관되어 있다. 최초의 광전 전지photovoltaic cell는 셀레늄(Se)을 이용하여 1839년 프랑스 물리학자 베크렐Edmond Becquerel에 의해 소개되었고, 1905년 아인슈타인의 광전 효과(이론적 성과로 1921년 노벨 물리학상을 수상한다) 규명과 함께 1941년 p-n 반도체 접합 전지가 소개되면서 차츰 이론적인 토대를 이루었다.

1954년 실리콘을 이용한 최초의 실용적 태양 전지가 미국 벨 연구소에 의해 소개되었고, 이후 1960년대까지는 주로 인공위성의 전력 공급원으로 값이 상당히 비쌌지만 성공적으로 활용된다. 1990년대에 3-5족 화합물인 갈륨비소(GaAs)의 적용으로 매우 높은 효율의 태양 전지가 소개되면서 좀 더 다양한 반도체 소재가 태양 전지를 위해 개발되었다.

태양 전지의 원리를 이해하기 위해서는 빛 에너지에 민감한 좁은 밴드 갭을 가지고 있는 반도체부터 시작해야 한다. 앞서 전기적 성질에서 언급한 대로 일정한 에너지 밴드 갭을 갖는 반도체에 태양광 에너지가 들어오면 에너지를 흡수하여 전자 전도대의 높은 에너지 준위로 여기가 되고 이때 가전대에는 정공이 형성되어 결국 전자-전공 쌍이 형성된다. 이와 같이 여기된 전자가 소멸되지 않고 전극까지 무사히 도달하면 에너지원으로 사용하는 게 가능하다. 이 도달하는 전자의 양이 많을수록 생산되는 전기에너지 양도 늘어나고 결국 높은 효율의 태양 에너지로의 변환이 가능해지는 것이다.

문제는 생성된 전자가 반도체 내에서 재결합 등으로 소멸이 일어나므로 빛의 흡수와 전자의 이동을 효과적으로 확보하기 위해 일반적으로 p형 반도체와 n형 반도체가 맞닿는 접합 소자를 이용한다. 맞닿은 경계면에서는 원하는 방향으로 전자의 이동이

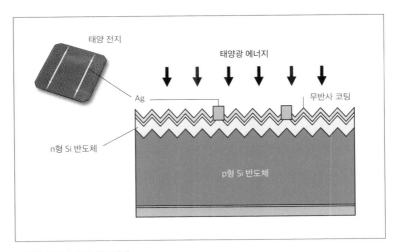

● 태양 전지 소자의 기본 원리

13. 소재가 기여하는 에너지

용이하고 빛을 주로 흡수하는 p형 반도체 내부에서는 전자와 정공의 재결합을 최소화하여 효과적인 전하 확산을 위해 최적의 반도체 두께를 유지하여야 한다. 이와 같은 p-n형의 접합 소자를 여러 개 적절히 쌓아서 태양 에너지 흡수를 최대로 하고자 하는 노력이 진행되었는데, 현재 최고의 에너지 변환 효율인 40% 이상을 달성한 바 있고 인공위성의 에너지원으로 사용되고 있다.

실리콘 소재 외에도 태양 전지만을 위한 다양한 반도체 소재가 개발되어 새로운 태양 전지 기술이 소개되었다. 유기 염료를 이용하는 염료 감응형 태양 전지dye-sensitized solar cell와 폴리머를 이용하는 유기 태양 전지, 그리고 카드뮴 텔룰라이드(CdTe), 갈륨 비소(GaAs), 구리(Cu)-인듐(In)-셀레늄(Se) 화합물($CuInSe_2$)을 이용한 박막thin film형 태양 전지 등이 있다. 가장 최근에는 페로브스카이트 구조의 새로운 할라이드 화합물을 이용한 태양 전지가 개발되어 광전 효율 25% 이상이 보고된 바 있다. 광전 효율은 주로 반도체 소재에서 태양 빛을 얼마나 효율적으로 잘 흡수하고 전자-정공의 쌍이 잘 생성되고 전자가 반도체 내에서 방해 없이 잘 이동하느냐에 의해 결정된다.

대부분의 태양 전지는 반도체 소재 내에서 전도대로의 전자의 여기 현상에 따라 작동하는데 염료 감응형 태양 전지만이 좀 독특한 소재의 조합으로 작동한다. 염료 감응형 태양 전지에서는 반도성을 가진 유기 염료에 빛이 들어오면 전자가 여기되고 이 여기된 전자가 접촉하고 있던 타이타늄 산화물 나노 입자에 전달되어 전해질의 화학 반응에 의해 염료에 다시 전자를 공급하는, 좀 복잡하지만 독특한 연속 반응을 통해 전기 에너지를 사용하게 된다. 염료가 들어오는 빛에 우선 반응한다고 해서 염료 감응형이라는 단어를 사용하게 되었다.

태양 전지는 보통 발전된 기술에 따라 세대로도 분류하는데 초창기 결정질 실리콘 태양 전지는 1세대, 박막 형태의 실리콘, CdTe, CuInSe₂ 태양 전지는 2세대, 유기물, 염료 감응형 태양 전지, 할라이드 태양 전지는 3세대로 통상 나뉜다. 여전히 시장에서는 1, 2세대 실리콘을 기반으로 하는 태양 전지가 주를 이루고 있다. 단지 지붕이나 평지에 적용되는 응용에서 벗어나 창문에 적용하기 위한 투명한 태양 전지가 필요하다면 유기 태양 전지나 염료 감응형 태양 전지가 쓰여야 하고, 휘어지는 태양 전지를 원한다면 저온에서의 공정이나 특수한 기판 소재를 이용하는 CuInSe₂, 할라이드 태양 전지 등 가능한 기술을 활용해야 한다. 신기하게도 태양 전지에 유용하게 쓰일 p형 반도체가 매우 제한되어서 빛의 흡수가 잘되고 전자의 이동이 빠르게 일어날 수 있는 새로운 소재의 개발을 기다리고 있다.

배터리, 에너지 저장의 수단

우리가 잘 아는 것처럼 전기 에너지가 저장되는 배터리는

13. 소재가 기여하는 에너지

전자 제품에 전원을 공급하는 매우 중요한 수단이다. 기본적으로는 양극과 음극에서 일어나는 화학 반응을 통해 전기 에너지를 생산하므로 화학 전지electrochemical cell라고도 한다. 우리 주변의 AA나 AAA 타입 같은 1.5V 전압을 제공하는 건전지는 대개 한 번 쓰고 버리기 때문에 1차 전지primary cell라 하고 충전charging을 통해 반복적으로 사용이 가능한 경우는 2차 전지secondary cell라고 한다. 배터리가 주목받아야 하는 이유는 단지 핸드폰, 노트북 등 전자 제품에 전원을 공급하는 매개뿐만 아니라 공해, 대기 문제를 유발하는 기존의 석탄, 석유 같은 화석 연료를 대체할 에너지 수단으로 매우 중요한 역할을 하기 때문이다.

예를 들어 앞서 설명한 태양 전지를 포함해서 신재생 에너지원에 의해 생산된 전기 에너지가 바로 사용되지 않는다면 배터리를 통해 에너지를 저장해야 한다. 특히, 전기 자동차의 경우 궁극적으로 이산화탄소 배출 문제를 완전히 해소할 선택지로 알려져 있다. 우리는 왜 매일 핸드폰 배터리를 충전해야 하나. 반복적으로 충전하면 배터리의 성능이 얼마나 저하되나. 전기 자동차 배터리 수명은 10년 후에도 괜찮을까. 이런 상식적인 질문의 해답이 궁극적으로 소재의 선택에 달려 있다고 해도 과언이 아니다. 전세계 최고의 과학자들이 다양한 수요에 대응하기 위해 배터리 소재 개발에 매진하고 있는 이유이기도 하다. 여기에서는 매우 간단히 배터리의 기본 작동 원리와 종류, 그리고 대표적인 소재를 소개해 본다.

1749년 프랭클린Benjamin Franklin은 연결된 다수의 특정한 반응 용기Leyden Jar에 의해 전기가 많이 저장될 수 있음을 보여 주었는데, 최초로 고안된 이 저장 매체를 군대의 여러 포대에 빗대어서 배터리(영어로 battery는 포대의 의미)라는 용어로 불리게 된다. 이후 1800년에 이탈리아 물리학자 볼타에 의해 구리와 아연판이 전해질 역할을 하는 소금물에 적신 종이에 의해 분리된 구조의 전기 화학 전지를 최초로 소개하였는데 처음으로 지속적인 전류의 발생을 보여 주었다. 19세기 말에 이르러서야 액체 전해질이 페이스트 형태의 물질로 바뀌면서 건전지dry cell 개념이 탄생하고 이후 우리가 사용하는 배터리로 급격한 발전이 이루어진다.

1970년대에 휘팅엄Stanley Whittingham에 의해 최초로 충전식 리튬 이온 배터리가 소개되었고, 1980년에 구디너프John Goodenough에 의해 리튬 코발트 산화물 전극이 개발되었다. 1985년 탄소 기반 전극을 이용한 현대식 리튬 이온 배터리가 요시노Akira Yoshino에 의해 발명되었는데, 3명의 과학자가 2019년 리튬 이온 배터리 개발에 기여한 공로로 노벨 화학상을 수상한다.

배터리 작동의 원리는 양극과 음극의 역할을 하는 2개의 전극이 전해질을 통해 분리되어 있는 구조에서 시작된다. 최근 리튬 이온 배터리보다 10배 이상 더 많은 에너지를 저장할 수 있다고 알려진 리튬 공기 배터리의 구조를 가지고 설명해 보자. 두 전극의 소재로 각각 리튬 금속이 음극재로 사용되고 외부에서 공기가 주입되는 다공질 탄소가 양극재로 사용되는 경우에 먼저 방전

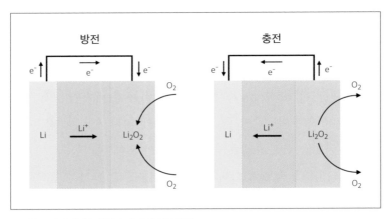

방전   충전

● 리튬 공기 배터리에서 방전·충전의 기본 원리

discharging(충전된 전기를 사용하는 경우) 시 리튬 금속이 산화 반응에 의해 전자를 방출하게 되고 리튬 금속은 Li^+의 양이온이 된다. 이 리튬 이온은 전해질을 통해 양극에 도달하고 전자는 외부 회로를 통해 전기로 일부 소모되기도 하지만 양극에 도달하여 공기를 통해 공급된 산소와의 환원 반응을 거쳐 리튬 산화물이 만들어진다.

　충전 시에는 반대 반응이 일어나서 양극에서 산화 반응에 의해 다시 리튬 이온이 생겨나 전해질을 통해 반대로 음극으로 이동하게 된다. 외부 연결을 통해 전달된 전자와 반응하여 리튬 금속으로 다시 환원된다. 충전과 방전 시 각 전극에서의 반복적인 산화·환원 반응은 다른 유형의 배터리에서도 동일하게 일어난다. 리튬 공기 배터리는 양극재로서 탄소 소재와 공기를 사용하므로 무게가 매우 적어지고 리튬 이온 배터리에 비해 출력은 2배, 생산 비용은 5배 이상 낮아져서 차세대 꿈의 배터리라 불린다.

전해질은 양 전극 사이에서 리튬 이온을 이동시키는 통로인 이온 전도체 역할을 하는데 그동안 대부분 전해질이 액상이어서 자동차같이 고온에서 작동하는 경우 휘발되거나 안전 등의 문제로 최근에는 고체 전해질에 대한 연구가 활발히 진행되고 있다. 일반 배터리를 오래 방치하면 액상 물질이 나오는 것을 보았을 텐데 전해질이 액체로 구성되어 있어서 그렇다. 충분한 이온 전도도를 갖는 고체 형태의 전해질 확보를 통한 이른바 전고체 전지all solid state battery에 대한 기대가 큰 상황이다.

배터리 종류에 따라 다양한 음극재, 양극재, 전해질이 사용되고 있다. 우리가 사용하는 알칼라인 전지를 포함하는 일회성 1차 전지의 경우 음극재는 리튬이나 아연, 양극재는 망간 산화물(MnO_2), 산화 구리(CuO), 황화 철(FeS), 전해질로는 수산화 칼륨(KOH) 등이 주로 쓰인다. 2차 전지의 경우 니켈-카드뮴 전지(Ni-Cd 전지), 니켈 금속수소 화물 혹은 니켈 수소 전지(Ni-MH 전지), 리튬 2차 전지 등과 같이 사용되는 소재명을 따라서 배터리 이름으로 부르고 있는데 특히 리튬 2차 전지의 경우 고에너지 밀도를 달성하기 위해 다양한 대체 소재가 연구 개발되고 있다.

예를 들면 자동차의 경우 납축전지lead-acid battery가 오랫동안 쓰이고 있으나 더 적은 부피를 차지하는 리튬철인산염 배터리가 대체제로 각광받고 있다. 스마트폰이나 노트북 전지로는 리튬

2차 전지가 주로 쓰이고 있는데 부피 제한이 있고 고에너지 밀도를 요구하고 있어서 비싼 가격에도 불구하고 활용되고 있다. 일회성 1.5V 배터리의 경우 보통 1년 후 약 20%까지 자연적으로 방전될 수 있고 대부분 배터리가 수백 번 이상 충전할 경우 성능의 저하가 일어난다. 아직 완벽한 배터리의 개발까지는 많은 시간이 걸릴 듯하다.

연료 전지, 그린 수소의 에너지화

최근 에너지 분야에서는 수소 에너지에 대한 관심이 매우 높다. 화학 반응에 의한, 친환경적인 새로운 에너지원으로 수송용이나 가정용, 건물 등에 적합한 전원을 공급할 수 있는 가능성 때문이다. 실제 주변에서는 수소를 연료로 사용하는 수소 자동차를 도로에서 이따금 볼 수 있다. 전기 자동차가 배터리 전원을 이용하여 전기 모터를 통해 움직인다면 수소 자동차에서는 수소 에너지를 사용해서 전기 에너지로 바꾼 후 전기 모터를 구동한다. 이때 수소 에너지를 전기 에너지로 바꾸는 역할을 하는 소자가 바로 연료 전지이다. 일반 자동차 엔진에서 휘발유가 연료로 쓰이는 것과 마찬가지로 수소 자동차에서는 저장된 수소가 연료의 역할을 한다. 전지를 의미하는 'cell'이라는 단어는 태양 전지, 배터리에서의 1차 전지, 2차 전지, 그리고 연료 전지에서도 공통으로 쓰이는

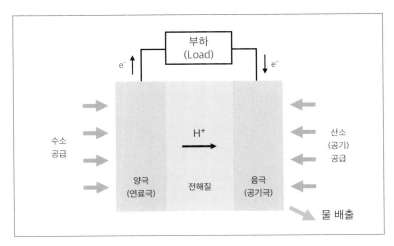

부하
(Load)

e⁻

e⁻

H⁺

수소
공급

산소
(공기)
공급

양극
(연료극)

전해질

음극
(공기극)

물 배출

● 수소를 연료로 사용하는 연료 전지의 기본 구조

걸 알 수 있는데 통상적으로 전기 에너지를 생산하는 디바이스 구
조체를 의미한다.

　　태양 전지에서 태양 빛을 연속적으로 가해야 하는 것과 마
찬가지로 연료 전지에서는 지속적인 특정 화학 반응을 위해 수소
를 계속 공급해 주어야 한다. 반면 배터리는 충전된 전기를 사용
하므로 충전할 때 외에는 외부에서 다른 에너지원의 공급이 필요
없다. 태양 빛을 전기 에너지로 바꾸는 역할을 하는 것이 주로 n형
과 p형 반도체가 결합된 접합 소자인 데 비해 연료 전지에서는 수
소를 화학적으로 반응시켜 전자를 발생하게 하는 적합한 전극 소
재가 반드시 필요하다. 연료 전지는 화학 반응을 통해 전기를 생
산한다고 해서 배터리와 같이 전기 화학 발전 장치라고도 한다.

연료 전지의 기본 구조는 배터리의 구조와 유사하게 2개의 전극인 양극과 음극, 그리고 양극과 음극을 분리시켜 주는 전해질 물질로 구성되어 있다. 연료극이라고 하는 양극에서 외부로부터 공급된 수소가 산화 반응을 일으켜 음전하인 전자를 방출하면서 수소는 양전하인 수소 양이온(H^+)이 된다. 이 수소 이온이 내부 전해질을 통해 음극으로 이동하게 되고 생성된 전자는 외부 회로를 통해 양극에서 음극으로 이동하면서 전기를 사용하게 된다.

배터리의 원리와 매우 유사한데 배터리에서는 리튬 이온이 전해질을 통해 이동하는 반면 연료 전지에서는 수소 이온이 전해질을 통과하게 된다. 음극에 도착한 수소 이온은 산소 이온과 결합하여 물이 된다. 산소 이온은 공기 중에 있는 산소가 쓰여서 음극을 공기극이라고도 한다. 따라서 연료 전지는 수소만 연속적으로 제공하면 무해한 물만 발생하여 매우 환경 친화적인 에너지 기술이다. 전극 소재로는 주로 백금 소재가 함유된 다공성 탄소 소재가 사용되고 있는데 백금이 매우 비싸므로 탄소 소재의 표면에 가급적 소량의 백금을 유지하기 위해 활발한 연구가 진행되고 있다. 백금은 촉매catalysis 작용이라 해서 백금 자체는 화학적 반응에 참여하지 않으나 전극에서 수소와 산소의 반응을 촉진시키는 역할을 하는, 반드시 필요한 소재이다.

최초의 연료 전지는 1838년 영국 과학자 그로브William Grove에 의해 발명되었으나 약 100년 후인 1932년 첫 번째 상업화된 알칼리 연료 전지가 탄생하게 된다. 초기에는 주로 인공위성이나 우주선을 위한 전원으로 사용되었다. 연료 전지의 유형은 주로 전해질을 어떤 소재로 사용하느냐에 따라 나뉜다. 몇 가지 예를 들어 보면 고체 고분자를 전해질로 사용하는 고분자 전해질 연료 전지PEMFC, polymer electrolyte membrane fuel cell, 액체 인산을 사용하는 인산형 연료 전지PAFC, phosphoric acid fuel cell, 용융 탄산염 수용액을 사용하는 용융 탄산염 연료 전지MCFC, molten carbonate fuel cell 와 지르코니아 같은 고체 산화물을 이용하는 고체 산화물 연료 전지SOFC, solid oxide fuel cell가 있다.

전해질 선택에 따라 에너지 출력, 효율, 작동 온도 등이 달라져서 응용 조건에 따른 장단점을 잘 활용해야 한다. 고분자 전해질의 경우는 폴리머 물질이므로 100℃ 이하 저온에서만 작동하며 비상용 발전이나 휴대용 혹은 차량용 에너지원으로 사용한다. 탄산염 전해질의 경우 비교적 고온인 600~700℃ 사이에서 작동하며 더 큰 출력을 가질 수 있다. 고체 산화물 전해질의 경우 1000℃까지 가장 높은 온도에서 작동하는 반면 매우 높은 출력을 가져오기도 해서 발전이나 산업용으로 활용이 가능하다.

수소 자동차가 주목받는 이유는 앞에서 설명한 연료 전지 작동 원리에서 알 수 있듯이 수소와 산소만으로 전기를 만들어 사용하므로 원천적으로 유해한 배기가스 없이 물만 외부로 배출하기 때문이다. 또한 수 시간의 충전 시간이 필요한 전기 자동차에 비해 10분 이내의 수소 충전으로 전기 자동차와 유사한 주행 거리 확보가 가능하다. 하지만 일반 주유소처럼 수소를 공급할 수

13. 소재가 기여하는 에너지

있는 공급망이 확보되어야 하고 연료 탱크 같은 압축된 수소 연료를 자동차 안에 안전하게 저장할 수소 저장 장치가 필요하다. 수소를 연료로 생산하기 위한 기술도 다양한데 오일이나 천연가스의 열분해pyrolysis를 통해 얻을 수 있으나 상당한 탄소 배출 때문에 최근에는 공해를 유발하지 않는 새로운 기술에 대한 연구가 활발히 진행되고 있다. 이른바 그린 수소라고 부르는데 재생 가능한 에너지를 사용하여 수소를 얻는 노력이다. 예를 들어 직접 물 분해splitting를 통해 수소와 산소를 얻는 방법, 지열과 태양열을 이용하는 방법 등이 있다.

수소 에너지에 대한 좀 더 확장된 개념으로 수소 경제라는 용어도 요즘 쓰이고 있다. 수소를 중요한 에너지원으로 생각하여 탄소를 배출하지 않는 환경을 조성하고자 하는 미래 비전이다. 수소의 생산, 저장과 운송 그리고 활용에 이르기까지 수소를 이용한 사회 발전과 경제 파급 효과를 포함하는 의미이다.

환경을 생각한 에너지 기술이기도 하지만 에너지 자원이 없는 지역에서는 매우 중요한 기술 자원이 될 수 있다. 왜냐하면 태양 전지는 태양 조사량, 유효 면적 등에서, 배터리는 출력 한계 등으로 기존의 발전소를 대체하기 어렵기 때문이다. 수력, 풍력, 해양 발전이 자연의 힘을 전제로 하는 반면 수소 에너지는 첨단 기술력을 바탕으로 기존 발전소를 대체할 수 있는 유일한 희망이기도 하다. 단지 수소 자동자로서 활용을 넘어 수소 발전소를 통한 가정 및 산업체의 주요한 전원 공급원이 되고자 한다면, 새로

운 소재를 통한 좀 더 효율적이고 고출력의 수소 에너지 생산이
필요하다.

14. 미래 소재로의 진화

앞으로 우리가 사용할 미래 소재에는 어떤 것이 있을까. 어쩌면 상식을 완전히 뛰어넘는 특성을 가진 소재를 필요로 할지도 모른다. 환경 오염, 자원 고갈, 인구 문제, 고령화 등 미래 사회 변화에 대응하는 과학 기술의 진보가 혁신적인 소재의 성공적인 개발과 긴밀하게 맞물려 있기 때문이다.

☐
☐
☐
☐
☐

소재의 미래는 우리가 생활하는 환경, 그리고 삶의 질과 긴밀히 연결되어 있다. 누구나 건강히 오래 살고 싶어 하고 우리가 원하든 원하지 않든 기능성, 편리성, 안정성 면에서 더욱 개선된 새로운 제품이 계속 눈앞에 나타나고 있다. 현재 사용하고 있는 첨단 제품의 개선을 위해 필요로 하는 소재들에 대해서는, 수년 내 단기간에 요구될 특성들의 변화를 미리 예상하는 것이 어느 정도 가능하다. 이러한 예상된 특성에 맞는 소재를 개발하여야 개선된 제품의 출시가 가능해지고 기업들은 계속 경쟁력을 유지할 수 있다.

소재의 기본적인 특성은 이미 앞에서 설명한 대로 외부에서 전기, 빛, 힘, 열 등 자극이 들어왔을 때 소재가 어떻게 반응하는지에 대한 것이다. 당연하게도 더 개선된 제품을 만들기 위해서는 보다 진보된 소재의 특성이 요구된다. 예를 들어 더 오래가는 자동차 배터리를 개발하기 위해서는 새로운 음극제, 양극제 그

14. 미래 소재로의 진화

리고 전해질 물질이 필요하다(13장에서 소개하였다). 현재 어떤 특성이 100이라면 20% 개선된 120을 요구하게 되고 이를 충족해야 더 오래 지속되는 배터리가 가능하다. 자동차를 만드는 회사는 배터리를 만드는 회사에 3년 뒤 출시될 자동차를 위한 고성능 배터리를 만들어 줄 것을 요구하고, 이를 달성하기 위해 배터리 회사는 소재를 공급하는 업체에 더 나은 소재 개발을 요구하는 식이다. 따라서 우리가 지금 구입하는 첨단 제품은 보통 수년 전에 개발된 소재를 사용한 경우가 대부분이다. 이와 같이 기존 제품의 기능 향상을 위해 미래 소재가 요구되기도 하지만 아직 어디에도 쓰이지 않았던 완전히 새로운 소재의 등장을 기대하기도 한다. 기존의 상식을 뛰어넘는 특성을 가진 소재 개발에 성공한다면 새로운 시장이 열리게 된다.

또한 사회나 환경 문제 등의 변화에 따라 소재의 개발이 요구되기도 한다. 가령 인구 고령화, 수명 연장, 인구 문제, 심각한 대기 오염, 물 부족, 자원의 편중, 에너지 문제 등과 같은 것이다. 이런 이슈를 해결하거나 개선하기 위해서는 과학 기술 개발에 의한 혁신적인 소재의 등장이 필요하기 때문이다.

현재 재료 과학 분야에 속하는 국제 저널은 약 1600개, 화학 분야 저널은 약 2370개, 물리 저널은 약 3000개에 이른다(일부 저널은 분야 내에서 중복된다). 다른 분야의 재료 관련 저널까지 포함하여 각 저널이 매달 수십 편의 논문을 발행하고 있으니 매년 수십만 건 이상의 재료 관련 논문이 쏟아져 나오고 있는 셈이다.

각 논문은 기존 재료의 특성을 개선하는 방법이나 소재를 만드는 공정을 소개하거나, 완전히 새로운 소재군이나 응용 분야를 제시하고 그 현상을 규명하는 이론 등을 포함하고 있다. 이처럼 소재를 개선하거나 새로운 신소재를 소개하는 활동이 집약적으로 이루어지고 있지만 우리가 사용하게 될 미래 소재는 이런 수많은 연구 결과 중에서 선택되어 상업화에 성공한 극히 일부일 것이다. 또한 기업에서도 소재에 관한 연구가 활발히 이루어지고 있지만 외부에 보고되지 않는 경우가 대부분이다. 미래 소재를 향해 얼마나 많은 노력이 이루어지고 있는지 가늠해 볼 수 있다.

여기에서는 현재 활용되고 있는 신소재의 주요 응용 분야와 사회 변화의 요구에 따라 어떤 미래 소재들이 논의되고 있는지 소개해 보고자 한다. 혁신전인 소재 연구도 과학자들의 호기심과 상상에서 시작된 경우가 많은 만큼, 전문가가 아니더라도 새로운 소재에 대한 아이디어를 생각해 내는 게 얼마든지 가능하다.

더 나은 제품에 대한 희망, 다가온 소재

미래에 중요하게 자리매김할 소재를 예측하는 데에는 비교적 최근에 노벨상을 수상한 소재에서 힌트를 얻을 수 있다. 10장에서 반자성 소재에서 나타나는 초전도체에 대해 소개하였는데 1911년에 최초로 고체 수은에서 초전도성을 발견한 이래로

229

1972, 1973년 연속으로 초전도성의 이론에 대한 규명으로 노벨 물리학상이 주어졌다. 이후 1987, 2003년에 금속 물질을 넘어선 페로브스카이트 구조를 갖는 세라믹 산화물 초전도체 소재를 개발한 공로와 추가적인 이론을 정립한 성과로 노벨상이 다시 수상되었다. 초전도체 소재의 문제점은 초전도체 특성이 특정 온도 이하에서만 나타나서 이 임계 온도를 가급적 높은 온도로 올려야 한다는 것이다(예를 들어 Y-Ba-Cu 산화물의 임계 온도는 -181℃로 이보다 낮은 온도에서만 초전도성을 갖는다). 만약 상온에서 초전도성이 나타나는 소재를 개발한다면 자기 부상 열차, 가속기와 통신 분야에 큰 혁신을 가져올 수 있다. 100여 년 전 초전도 이론을 바탕으로 아직도 더 나은 초전도체 소재를 찾고 있는 완성되지 않은 분야의 대표적인 예이기도 하다.

또한 앞에서 이미 언급한 대로 그래핀, 청색 발광 다이오드의 발견으로 각기 2010, 2014년 노벨 물리학상이 주어진다. 2D 소재인 그래핀은 매우 얇으면서 가볍고, 투명하면서 전기가 통하고 기계적 강도도 매우 좋은 특이한 소재로 소개되었는데 파생된 다른 탄소나 칼코제나이드chalcogenide 화합물 소재의 출현과 함께 매우 활발하게 연구가 진행되고 있다. 특히 반도체 등 전자 부품에서 더 작은 크기의 고성능 부품, 휘어지는 전자 소자를 만들 수 있는 핵심 소재로 평가받고 있다.

청색 발광 다이오드는 이미 개발되었던 적색과 녹색의 발광 다이오드와 결합하면 모든 색의 구현이 가능하므로 관련 디스플레이 분야에서 집중적으로 연구가 이루어지고 있었다. 청색 발광 LED의 탄생과 함께 현재 우리가 사용하고 있는 다양한 디스플레이와 조명용으로 활용이 가능해졌다. 해상도가 더 좋은 완벽한 색 재현과 빠른 반응 속도, 저전력화 등을 위한 차세대 디스플레이 소재에 대한 연구도 계속 이어지고 있다.

2023년 노벨 화학상을 수상하게 된 퀀텀 닷(양자점) 소재 (7장에서 소개하였다)도 우리가 현재 TV나 모니터용 디스플레이에 사용하고 있는 매우 중요한 물질이지만, 앞으로도 다양한 양자 물질을 이용한 초고속 컴퓨터, 바이오 메디컬, 센서 등 다른 첨단 활용 분야로의 시작점을 제공할 수 있을 것으로 보고 있다. 또한 13장에서 언급한 리튬 이온 전지 개발의 성과로 2019년 노벨 화학상이 수상되었는데 새로운 소재의 등장으로 우리 일상생활의 변화를 가져온 대표적인 사례이기도 하다. 이 외에도 전기가 통하는 폴리머를 개발한 성과로 2000년 노벨 화학상이 수여되었고 같은 해에는 앞서 소개했던 반도체 접합 소자에 대해서도 노벨 물리학상이 수여되었다.

소재와 응용, 이론이 결합된 비교적 최근의 노벨상 예에서 알 수 있는 것처럼 소재가 지니는 중요도는 활용 시 가져다주는 파급 효과에 따라 결정된다. 반대로 생각하면 아직 개발되지 않은 소재를 누군가의 해결을 통해 큰 기술적 진보를 가져왔다는 의미이기도 하다. 그리고 그 해결되어야 할 소재는 하나의 연구 그룹이 아니라 다양한 연구 집단에서 경쟁적으로 이루어지기도 한다.

결국 현재 각 응용 분야에서 해결해야 할 소재 분야가 무엇인지가 바로 미래 소재가 되고 상업화되었을 때를 가정하여 큰 효과를 가져온다면 노벨상 수상에 가까워진다고 할 수 있다.

우리가 새롭다고 상상할 수 있는 미래 제품을 주변에서도 생각할 수 있다. 핸드폰에는 왜 태양 전지를 사용할 수 없을까? 만약 배터리 대신 태양 전지가 사용된다면 외부 전원을 통한 충전이 필요 없을 것이다. 현재 태양 전지에 쓰이는 반도체 소재의 한계로 배터리 충전을 위한 충분한 전원 공급이 어렵다. 왜 아직 둘둘 말거나 접는 디스플레이는 나오지 않는 것일까? 기술은 확보되었으나 널리 활용하기에는 아직 넘어야 할 소재의 한계가 뚜렷하다. 휘어지는 폴리머 기판에 발광에 필요한 새로운 소재로 모두 바꾸어야 하지만 기존의 소재는 대부분 딱딱한 유리 기판 위에 만들어진 소재들이다. 폴리머 기판 위의 소재들은 대개 100℃ 이상에서 열을 가하는 것이 불가능하기 때문에 저온에서 공정이 가능한 소재를 발명해야 한다. 만약 완전히 투명한 디스플레이가 필요하다면 모든 소재가 투명해야 한다. 세탁이 필요 없는 옷감을 만들 수는 없는 것일까. 먼지 등 외부 물질과 폴리머인 섬유와의 화학 반응을 줄이는 기술은 어디까지 와 있을까. 스크래치가 자동으로 복원되는 금속에 대한 연구, 금속의 강도를 유지하면서도 가벼워질 수 있는 폴리머의 연구, 썩는 플라스틱의 개발 등 지속적인 관심을 받는 미래 소재는 무궁무진하다.

또한 다른 관점에서 환경과 안전, 희소성, 가격 그리고 광물 자원의 편중을 고려해서 기존 소재를 대체하고자 하는 연구 역시 활발히 진행되고 있다. 납(Pb), 수은(Hg), 비소(As), 베릴륨(Be) 등 강한 독성을 가지고 있지만 반드시 특정 제품을 만드는 데 필요한 물질들이다. 이를 대체하는 기술이 주목받을 수밖에 없는 이유이다. 보통 납은 용접용으로 반드시 필요한 소재였는데 이미 십수 년 전부터 이를 대체하고자 하는 연구가 진행되었고 주석-은 합금 등으로 일부 사용되고 있다. 앞서 소개한 대로 희소 금속(희토류 금속을 포함한다)에 대한 자원의 편중으로 이를 대체하고자 하는 노력도 활발히 진행되고 있다. 리튬을 대체하고자 하는 배터리 기술, 희토류를 줄이고자 하는 자동차 모터용 영구 자석, 주석을 줄이고자 하는 액정 디스플레이 패널, 백금을 줄이고자 하는 연료 전지, 타이타늄(Ti)을 줄이고자 하는 비행기 동체와 같은 많은 예가 존재한다.

사회 변화의 시작, 다가올 소재

우리는 여전히 3차 산업 혁명이라 불리는 시대에 살고 있다. 1970년대에 시작된 디지털 혁명으로 아날로그 전자 및 기계 장치에서 디지털 기술의 진보에 따라 개인용 컴퓨터, 인터넷 보급과 스마트폰의 사용으로 대변되는 정보 통신 기술 시대에 있다. 하지만 수년 전부터 디지털 문화를 기반으로 사회적 혁신을 가져올 4차 산업 혁명 시대의 도래에 대한 조심스러운 전망이 나오고 있다. 아직은 좀 익숙하지 않지만 블록 체인(체인 형태의 연결로 분산된 데이터 저장 환경), 빅 데이터(많은 양의 데이터를 분석하고 이용), 사물 인터넷(IoT, 정보를 인터넷을 이용하여 최적화), 인공 지능 AI, artificial intelligence(인간의 지능적 역할을 대체하는 컴퓨팅 수단)과 같은 용어들이 다가올 새로운 사회 변화를 대변하고 있다. 이에 더하여 로봇 공학, 무인 운송 수단, 3D 프린팅 그리고 초연결 네트워크 같은 소프트웨어를 넘어서 새로운 하드웨어 제품의 출현을 기대하고 있다. 4차 산업 혁명을 선도할 제품에는 어떤 새로운 미래 소재가 요구되는지 생각해 보자.

일단 더 심화된 소프트웨어 기반의 사회가 이루어진다면 빠른 계산과 처리, 분석을 위해 컴퓨터는 더욱 진보되어야 한다. 초저전력을 사용해서 전원 소모를 줄이면서 초고속의 연산 처리 능력을 갖추어야 하고 초고집적이 가능한 반도체 기술도 필수적이다. 획기적인 반도체 소재 기술이 필요하며 소자의 구조를 획기적으로 바꾸기 위해서는 반도체를 만드는 제조 공정 기술도 바뀌어야 한다. 정보를 표시하는 디스플레이 기술에서도 혁신이 필요한데 초실감의 입체 영상, 촉각의 디지털화, 인체 부착 화면, 자가 발전self-powering 구동 등을 위한 소재의 개발이 필요하다. 스스로 재생하는 에너지로 구동하는, 신체에 부착된 화면을 통해 정보의 제공과 통신이 가능하기를 원하는 것이다. 이러한 디스플레이를 통해 핸드폰이 사라진다고 가정할 수 있을 듯하다. 로봇과 무인 운송 수단을 위한 각종 센서 분야에서도 더욱 다양한 유형의 기술이 구체화되고 있다. 인체를 대신하여 사용될 시각, 촉각, 미각, 후각 기능을 위해 필요한 센서 기술은 이제 겨우 시작된 기술 분야일지도 모른다.

초연결 무선 네트워크에 필요한 5G/6G 이동 통신 기술도 초고주파수에서 대응할 수 있는 소재의 부족으로 현실화에 아직도 어려움을 겪고 있다. 무선 네트워크를 위한 전자 기기를 서로 연결하는 블루투스 기능은 궁극적으로는 전자 제품의 모든 선을 없애자는 취지로 시작되었다. 전원 코드를 없애는 기술이 나온다면 획기적인 기술의 진보일 듯하다. 3D 프린팅 기술은 대량 생산 없이 원하는 모양의 물체나 부품을 얻을 수 있는 획기적인 기술이다. 3D 프린팅 기술을 현실화하기 위해서 다양한 잉크 소재가 개발되고 있는데 아직은 제한적으로밖에 사용되지 못하고 있다.

4차 산업 혁명과 함께 미래 첨단 제품에 적용될 소재 기술도 중요하겠지만 우리가 안고 있는 사회적 난제에 대해서도 소재의 역할은 절대적이다. 이미 13장에서 자연에서 얻어지는 빛, 물, 바람, 지열 등을 이용하는 에너지 기술에 대해서 소개하였지만 실제 우리가 안고 있는 에너지 문제는 환경 오염과 더불어 매우 심각한 상황이다. 화석 연료에서부터 벗어나야 하는 이유가 자원의 고갈 때문이 아니라 화석 연료가 탄소로 이루어진 화합물이어서 탄소 배출이 불가피하기 때문이다.

대체 재생 에너지로서 태양 전지는 아직 전기 에너지를 가져오는 변환 효율을 높이기에는 너무 많은 비용이 든다. 특히 범용적으로 쓰일 수 있으면서 고효율의 태양 에너지 변환 효율을 가져오는 획기적인 p형 반도체가 절대적으로 필요하다. 연료 전지를 통해 사용되는 수소가 공해를 유발하지 않으면서 대체 에너지 연료로 충분히 경쟁력을 갖추려면 무탄소 배출의 저렴한 그린 수소 에너지의 생산과 저장 기술이 충분히 개발되어야 한다. 화석 연료보다 저렴하면서 지역이나 시간에 구애받지 않고 쉽게 접근이 가능한 에너지원을 기다리고 있다.

배터리 충전 시 기존의 전원을 이용하지 않고 재생 에너지를 이용할 수 있다면 매우 이상적일 것이다. 자동차, 노트북, 핸드폰, 조명, 냉난방 모두 배터리로 작동하게 할 수 있기 때문이다. 하지만 아직 배터리를 충전할 수 있는 작은 규모의 재생 에너지 기술은 멀게만 느껴진다. 한편으론 낮은 전원을 필요로 하는 전자 제품부터 배터리 없이 작동하려는 연구가 신재생 에너지 분야에서 활발히 진행되고 있다. 이른바 자가 발전이라는 기술인데 주위의 힘과 진동, 마찰력을 이용하여 기계적 에너지를 전기 에너지로 바꾸고자 하는 노력이 이에 해당한다.

한편 인구 팽창과 자연 훼손에 따른 물 부족 현상도 매우 심각하다. 과학 기술력으로 물을 충분히 만들 수 있을까. 특정한 소재에서 물로의 변환을 도와주는 전기 화학적 반응은 알려져 있으나 널리 활용되기에는 아직 어렵다. 썩지 않는 음식의 발명이나 부패를 방지하는 새로운 포장지도 중요하다. 또한 극한 환경에서도 제 기능을 발휘하는 미래 신소재도 독립된 하나의 분야로 활발히 연구되고 있다. 우주 항공 분야에서 초고온이나 극저온, 초고압력에서 버티는 소재, 초저경량의 고강도 소재, 초고방열 소재 같은 예를 들 수 있다.

또 하나의 변화의 축은 바이오와 의학 분야이다. 현재는 인공적인 소재를 이용해서 피부, 근육, 치아, 뼈, 심장 등 제한되게 대체할 수 있다면 미래에는 뇌를 제외한 모든 장기의 대체가 가능할 것으로 가정하고 있다. 아직 멀게 느껴지지만 모든 병의 치료가 가능하고 뇌만 건강하다면 영원한 삶을 살 수 있다고 생각할 수도 있겠다. 우선 우리 신체와 화학적으로 조화를 이룰 수 있는 부작용이 없는 물질을 선택해야 한다. 생체 조직 재생이나 대체 기술, 재활용 소재, 질병 예방을 위한 진단, 모니터링 기술을 위한 센싱이나 에너지 소재가 광범위하게 연구되고 있다.

또한 에너지 분야에서 바이오 소재의 연료로서의 활용도는 이미 매우 높다. 일부 국가에서는 바이오디젤, 메탄가스 등을 대체 에너지 연료로 사용하고 있으나 여전히 탄소 배출과 자연 파괴라는 이슈를 안고 있다. 최근 식물에서 광합성 반응 시 나노 바늘을 이용하여 전자를 외부로 추출하여 전기 에너지화하는 가능성도 보고된 바 있다. 바이오 분야는 또한 피부 재생, 노화 방지뿐만 아니라 식품과 건강 응용 분야, 자연을 모방하는 인공 소재 등에서도 미래 사회를 급격히 바꿀 신소재로서 희망을 갖고 있다.

광범위한 분야에서 필요로 하는 미래 소재를 소개하였지만 많은 연구 성과가 우연한 발견으로 시작되었다는 점을 간과해서는 안 될 듯하다. 전혀 예상하지 못한 신소재의 발견이 기다려지는 이유이기도 하다.

또한 컴퓨팅 계산의 발전으로 직접 실험하기 전에 시뮬레이션을 통해 새로운 소재를 미리 예측하는 연구도 하나의 분야로 성장하고 있다. 예를 들어 주기율표에 나와 있는 원소들을 임의로 선택하여 어떤 조건에서 어떤 화합물의 합성이 가능한지 과학적으로 파악해서 알려 주고 필요하다면 실험은 후에 진행하는 식이다. 불과 몇십 년 전만 해도 상상할 수 없었던 일이다. 무수히 많은 소재와 특성을 빅 데이터화해서 불필요한 실험을 줄이고자 하는 노력이 진행되고 있는 것이다. 이미 많은 글로벌 기업이 연구 개발 단계에서의 효율성 재고를 위해 소재 시뮬레이션 기술을 적극적으로 활용하고 있다. 과거에는 실험을 통해 우연히 발견된 현상에 대해 후에 이론을 추론하였다면 이제는 이론에 근거하여 이상적인 물질을 미리 예상하고 실험적으로 증명하는 시대에 와 있는 셈이다.

에필로그

소재는 무엇이었나요
소재는 어떻게 쓰이고 있나요
어떤 소재를 기다리고 있나요

저자가 30대 초반에 세라믹 공학 분야에서 박사학위를 받고 들어간 첫 직장은 미국 동부 델라웨어주에 위치한 듀폰DuPont 중앙 연구소(연구소 명칭은 Experimental Station이다)였다. 1802년 프랑스 화학자 엘뢰테르 듀폰Éleuthère Irénée Du Pont이 프랑스 혁명기를 피해 미국에 이주하면서 그 당시 최고의 화학 제품인 화약과 다이너마이트를 제조하는 회사를 설립하였다. 두 번의 세계 대전을 거치면서 나일론을 포함한 다양한 합성 섬유의 개발로 큰 도약의 길을 열었다. 듀폰은 이른바 '묻지 마' 연구를 진행하는 것으로 유명했다. 자유로운 연구를 위해 자발적으로 혁신적인 아이디어를 내고, 그 연구에 대하여 충분한 지원을 하지만 실패하더라도 결과에 대한 책임을 묻지 않겠다는 것이다. 과학자들에게는 꿈의 직장 같은 곳이었다. 정년도 따로 없었다.

이 '묻지 마' 연구가 가능했던 이유는 나일론, 테플론 같은 우리가 이름만 들어도 아는 혁신적인 제품이 10년에 하나만이라

239   에필로그

도 상업적으로 크게 성공하면 투자한 시간과 비용을 모두 상쇄할 수 있었기 때문이다. 1902년 설립된 중앙 연구소에 있는 수백 명의 연구 인력이 긴 시간 동안 완전히 새로운 연구 아이디어를 좇고 있었던 것이다. 그 당시 진행되었던 최초의 인조 대리석, 타이벡Tyvek(수증기는 스며드나 물이나 미생물 침투를 막는 포장, 건축용 합성 섬유) 같은 제품을 연구하던 연구진과 교류할 수 있어 행운이었다. 내가 책임자로 진행하였던 소재 개발은 당시 가장 큰 모바일 폰 회사였던 에릭슨Ericsson이 주도했던 세계 최초의 '블루투스' 프로젝트였다. 나의 역할은 블루투스 기능을 가진 작은 디바이스의 수명과 관련하여 한계를 뛰어넘는 높은 열팽창의 세라믹 소재를 개발하는 것이었다.

하지만 이제 어떤 기업도 이런 '묻지 마' 연구 환경을 가지고 있지 않다. 2000년대 초반에 들어와서 듀폰도 내부적으로는 이미 과거의 연구 시스템을 바꾸어야 한다는 위기감이 고조되고 있었다. 그 당시에는 인터넷 세상의 도래와 함께 평면 TV, 스마트폰의 등장으로 기존 전자 제품인 음향 기기, 카메라, 게임기, 휴대용 오디오(CD 플레이어, MP3 등)의 위기 속에 전자 산업의 재편이 시작되던 시기였다. 기존의 선진국에서 벗어나 한국을 포함한 개도국의 부상과 함께 글로벌 경쟁이 심화되고 기업은 이윤 창출과 생존을 위해 어떤 연구를 지속해야 할지, 어떤 제품을 생산해야 할지 결단을 내려야 할 상황에 몰리게 되었다. 곧 기업의 존폐가 갈리는 순간이 아이러니하게도 기업이 만들어 내는 새로운 혁신적인 제품에 의해 결정되는 것이다. 첨단 제품의 생존 사이클이 점점 짧아지는 상황에서 어느 큰 기업도 이러한 생존의 갈림길에서 예외일 수는 없었다. 대부분 첨단 IT 기업에서 지난 3년 내에 개발한 제품의 비중이 50~70%를 넘는다. 개발이 완제품으로 단기간에 이루어지지 않는다면 이미 기업의 존폐가 위협받는 구조가 되어 버렸다.

이 책에서 다루었던 파급 효과가 큰 신소재의 등장과 진보는 사실 기업의 판단에 의해 우리 앞에 제품이 생산되어야 가능한 일이었다. 대학이나 전문 연구 기관이 혁신적인 소재에 대한 연구도 진행하지만 결국 기업에서의 상업화를 전제로 소재의 경쟁력이 충분한지 따져 보아야 할 이유이기도 하다. 14장에서 소개했던 미래 소재에서 살펴본 것처럼 이제는 매우 광범위한 응용 분야에서 새로운 소재를 기다리고 있어서 과거의 몇몇 대기업이 독점하는 시대와 분위기가 달라졌다. 과거에 존재하지 않았던 분야가 더해져 더욱 세분화된 영역에서 다양한 미래 소재가 필요한 상황으로 변하고 있다. 이 책을 기획한 의도 역시 과거, 현재, 미래 소재를 좀 더 상식적인 수준에서 과학의 이해를 바탕으로 소개하고자 하는 데 있다. 과거의 유명한 소재의 존재와 그 배경을 아는 것에서 더 나아가, 그것이 왜 선택되어야 했는지 제품으로서의 가치도 고려해 보기를 원한다. 왜냐하면 앞으로 살아남을 소재의 전제 조건이기 때문이다.

소재 분야가 학문적으로 매력이 있는 까닭은 다양한 응용 분야에 맞는 소재를 개발할 수 있기 때문이다. 재료 과학의 정의가 외부 자극에 의해 소재가 반응하는 것을 배우는 학문이라고 소개하였는데 결국 소재의 기본적인 특성의 이해와 함께 다양한 응용에 맞는 흥미로운 연구가 가능하다. 예를 들어 높은 기계적 강도가 필요한 소재는 핸드폰에만 국한되는 게 아니라 태양 전지, 배터리, 자동차 엔진 등에도 마찬가지로 필요하다. 특히 자동차 엔진은 뜨거운 환경에서 작동하므로 고온에서 강한 기계적 특성을 확보해야 하는 식이다. 결국 같은 관심의 특성이라도 각 응용 제품에 맞게 더 적합한 소재를 찾아 나서야 한다.

또한 몇십 년 전 연구 환경과 크게 다른 점은 소재 관련 정보에 대한 접근성이 매우 좋아졌다는 점이다. 이제는 단순한 검색을 통해 소재의 특성과 의미 그리고 어디에서 어떤 연구진이 연구하고 있는지 아는 게 가능해졌다. 직접 만나지 않아도 같은 눈높이라면 다양한 공동 연구 협력도 가능하다. 가장 전망이 좋은 과학자를 판단하는 기준도 현재 어떤 최고의 연구진과 함께 연구하고 있는지가 중요한 기준이 된다.

내가 다녔던 듀폰 연구소의 한 벽면에 "very thin line between success and failure(성공과 실패 사이에는 매우 가는 선이 있을 뿐)"라는 일종의 포스터가 붙어 있었던 것이 떠오른다. 뛰어난 소재의 개발이 헌신적인 연구자의 노력에 의해 결정되는데 매 순간 너무 작은 차이에 의해 성공과 실패의 갈림길에 놓이게 된다. 소재가 어떻게 반응하는지 항상 호기심을 유지하고 이해하도록 생각을 많이 하는 게 중요하다. 우연히 얻은 뛰어난 연구 결과도 이런 작은 호기심과 몰입도가 가져다준 결과이기도 하다.

오랫동안 소재 분야에서 배움을 유지하게 해 주고 영감을 가져다준 스승님, 제자, 동료 선후배님, 아내와 두 아들, 친지분 들께 감사의 마음을 전하고 싶다. 어려움 속에서 완성할 수 있도록 도움과 조언을 아끼지 않으신 교보문고 에디터님들께도 깊은 감사의 마음을 전한다.

2024년 3월
조용수

쓸모의 과학, 신소재
세상에 이로운 신소재 이야기

초판 1쇄 발행 2024년 4월 17일
초판 2쇄 발행 2024년 6월 25일

지은이 조용수
펴낸이 안병현 김상훈
본부장 이승은　**총괄** 박동옥　**편집장** 박윤희
책임편집 김정은　**디자인** 용석재
마케팅 신대섭 배태욱 김수연 김하은　**제작** 조화연

펴낸곳 주식회사 교보문고
등록 제406-2008-000090호(2008년 12월 5일)
주소 경기도 파주시 문발로 249
전화 대표전화 1544-1900　**주문** 02)3156-3665　**팩스** 0502)987-5725

ISBN 979-11-7061-121-9 03400
책값은 표지에 있습니다.